Super M

Arbeitsheft

3

Herausgegeben von
Ursula Manten
Gudrun Hütten
Klaus Heinze

Erarbeitet von
Ulrike Braun
Gudrun Hütten
Ursula Manten
Gabi Viseneber

Illustrationen von
Eve Jacob
Dorothee Mahnkopf

Cornelsen

Inhalt

Inhalt

① a) 82 b) 68 c) 53 d) 29

Schreibe deinen Rechenweg auf.

② a) 64 + 25 = ____ 54 + 24 = ____ 34 − 33 = ____

b) 35 + 24 = ____ 43 + 25 = ____ 51 + 26 = ____

③ a) 89 − 15 = ____ 73 − 25 = ____ 62 − 35 = ____

b) 77 − 24 = ____ 88 − 35 = ____ 99 − 46 = ____

④ Drei Zahlen, vier Aufgaben

2 · 3 = 6	2 · 6 = ____	5 · 6 = ____	7 · 6 = ____
3 · 2 = 6	__ · __ = ____	__ · __ = ____	__ · __ = ____
6 : 3 = 2	____ : __ = __	____ : __ = __	____ : __ = __
6 : 2 = 3	____ : __ = __	____ : __ = __	____ : __ = __

⑤ In Naomis Klasse sind 23 Kinder.
Immer 3 Kinder spielen Gummitwist.

Das will ich wissen.

Das weiß ich schon.

So finde ich das heraus.

Das weiß ich jetzt.

Wie rechnest du?

① a) 39 + 24 = b) 65 + 29 = c) 58 + 34 =

② a) 72 − 26 = b) 84 − 37 = c) 91 − 42 =

③
a)	b)	c)	d)
45 + 28 = ___	73 − 36 = ___	18 + 59 = ___	46 − 17 = ___
57 + 29 = ___	54 − 28 = ___	65 − 19 = ___	66 + 28 = ___
39 + 24 = ___	81 − 42 = ___	76 + 24 = ___	38 + 49 = ___
68 + 22 = ___	62 − 33 = ___	95 − 57 = ___	82 − 37 = ___

26 29 29 37 38 39 45 46 63 77 83 86 87 90 94 100

④ Zahlenmauern

a)
□
□ □
17 19 23

b)
97
48 □
19 □ □

c)
85
□ 37
□ 23 □

d)
100
□ 47
□ □ 19

e)
□
□ □
9 26 18

f)
92
39 □
□ 27 □

⑤ Fasse geschickt zusammen.

a)	b)	c)
38 + 27 + 2 = ___	82 − 34 − 42 = ___	32 + 29 + 11 = ___
41 + 25 + 19 = ___	53 − 29 − 3 = ___	91 − 57 − 1 = ___
47 + 18 + 13 = ___	75 − 36 − 25 = ___	63 + 14 + 7 = ___
65 + 15 + 8 = ___	64 − 49 − 4 = ___	95 − 25 − 15 = ___

6 11 14 21 33 45 55 67 72 78 84 85 88

① Rechne aus. Schreibe eine eigene Tabelle mit Additionsaufgaben.

a)

+	27	48	59	65
15				
25				
35				

b)

+				49
27	73			
38		85		
49			97	

c)

+				

② Rechne aus. Schreibe eine eigene Tabelle mit Subtraktionsaufgaben.

a)

−	16	26	36	46
84				
92				
71				

b)

−	28			
62		24		
74			26	
85				27

c)

−				

Super-Päckchen

③ a) 17 + 18 = ____
27 + 28 = ____
37 + 38 = ____
___ + ___ = ____

b) 45 + 19 = ____
46 + 18 = ____
47 + 17 = ____
___ + ___ = ____

c) 66 + 36 = ____
56 + 36 = ____
46 + 36 = ____
___ + ___ = ____

d) 55 + 16 = ____
66 + 16 = ____
77 + 16 = ____
___ + ___ = ____

④ a) 52 − 23 = ____
53 − 24 = ____
54 − 25 = ____
___ − ___ = ____

b) 82 − 44 = ____
72 − 34 = ____
62 − 24 = ____
___ − ___ = ____

c) 44 − 29 = ____
54 − 28 = ____
64 − 27 = ____
___ − ___ = ____

d) 91 − 38 = ____
91 − 36 = ____
91 − 34 = ____
___ − ___ = ____

⑤ Immer 73 €

Lege mit Rechengeld und schreibe passende Aufgaben.

Einmaleins

① **a)** Trage die Kernaufgaben ein. **b)** Fülle die Tafel aus.

•	1	2	3	4	5	6	7	8	9	10
1										
2										
3										
4										
5										
6										
7										
8										
9										
10										

② **a)** Die 24 kommt in der Einmaleins-Tafel viermal vor. Schreibe alle Aufgaben.

b) Suche weitere Zahlen, zu denen genau vier Aufgaben gehören.

c) Suche weitere Zahlen, zu denen genau drei Aufgaben vorkommen.

③

4 · 2 =	4 · 7 =	4 · 4 =	4 · 8 =	3 · 7 =
3 · 5 =	5 · 5 =	9 · 4 =	6 · 3 =	7 · 5 =
1 · 3 =	3 · 9 =	3 · 6 =	4 · 6 =	3 · 3 =
8 · 6 =	7 · 6 =	3 · 9 =	2 · 9 =	9 · 9 =
7 · 2 =	2 · 5 =	7 · 7 =	5 · 8 =	6 · 5 =

3 5 8 9 10 14 15 16 18 18 18 21 24 25 27 27 28 30 32 35 36 40 42 48 49 81

① Fülle aus und vergleiche.

a)

1	**2**	3	**4**	5	**6**	7	8	9	10
11	**12**	13	**14**	15	**16**	17	18	19	20
21	22	23	24	25	26	27	28	29	30
31	32	33	34	35	36	37	38	39	40
41	42	43	44	45	46	47	48	49	50
51	52	53	54	55	56	57	58	59	60
61	62	63	64	65	66	67	68	69	70
71	72	73	74	75	76	77	78	79	80
81	82	83	84	85	86	87	88	89	90
91	92	93	94	95	96	97	98	99	100

Einmaleins zur ☐

b)

1	2	3	**4**	5	6	7	**8**	9	10
11	12	13	14	15	16	17	18	19	20
21	22	23	24	25	26	27	28	29	30
31	32	33	34	35	36	37	38	39	**40**
41	42	43	44	45	46	47	48	49	50
51	52	53	54	55	56	57	58	59	60
61	62	63	64	65	66	67	68	69	70
71	72	73	74	75	76	77	78	79	80
81	82	83	84	85	86	87	88	89	90
91	92	93	94	95	96	97	98	99	100

Einmaleins zur ☐

c)

1	2	3	4	5	6	7	8	9	10
11	12	13	14	15	16	17	18	19	20
21	22	23	**24**	25	26	27	28	29	**30**
31	32	33	34	35	36	37	38	39	40
41	42	43	44	45	46	47	48	49	50
51	52	53	54	55	56	57	58	59	60
61	62	63	64	65	66	67	68	69	70
71	72	73	74	75	76	77	78	79	80
81	82	83	84	85	86	87	88	89	90
91	92	93	94	95	96	97	98	99	100

Einmaleins zur ☐

d)

1	2	3	4	5	6	7	8	9	10
11	12	13	14	15	16	17	18	19	20
21	22	23	24	25	26	**27**	28	29	**30**
31	32	33	34	35	36	37	38	39	40
41	42	43	44	45	46	47	48	49	50
51	52	53	54	55	56	57	58	59	60
61	62	63	64	65	66	67	68	69	70
71	72	73	74	75	76	77	78	79	80
81	82	83	84	85	86	87	88	89	90
91	92	93	94	95	96	97	98	99	100

Einmaleins zur ☐

e)

1	2	3	4	5	6	7	8	9	10
11	12	13	14	15	16	17	18	19	20
21	22	23	24	**25**	26	27	28	29	**30**
31	32	33	34	35	36	37	38	39	40
41	42	43	44	45	46	47	48	49	50
51	52	53	54	55	56	57	58	59	60
61	62	63	64	65	66	67	68	69	70
71	72	73	74	75	76	77	78	79	80
81	82	83	84	85	86	87	88	89	90
91	92	93	94	95	96	97	98	99	100

Einmaleins zur ☐

f)

1	2	3	4	5	6	7	8	9	**10**
11	12	13	14	15	16	17	18	19	20
21	22	23	24	25	26	27	28	29	30
31	32	33	34	35	36	37	38	39	40
41	42	43	44	45	46	47	48	49	50
51	52	53	54	55	56	57	58	59	60
61	62	63	64	65	66	67	68	69	70
71	72	73	74	75	76	77	78	79	80
81	82	83	84	85	86	87	88	89	90
91	92	93	94	95	96	97	98	99	**100**

Einmaleins zur ☐

② Rechnen in Tabellen

a)

·	2			7	9
4		12			
6			30		
					18

b)

·	5	7		8	
	25				
7			42		70
		14			

c)

·	0		6	8	
6		24			
8					72
0					

·					

③ Ergänze zu einem Zahlenrätsel.

Das Fünffache meiner Zahl ist ____.

Das Doppelte meiner Zahl ist ____.

Wenn ich zu meiner Zahl 5 addiere, ist sie das Doppelte von ____.

① Rechne mit Probe.

a)
56 : 8 = ___   ___ · 8 = 56
63 : 9 = ___   ___ · 9 = ___
35 : 7 = ___   ___ · 7 = ___
36 : 6 = ___   ___ · 6 = ___
18 : 2 = ___   ___ · 2 = ___
27 : 3 = ___   ___ · 3 = ___
54 : 6 = ___   ___ · 6 = ___
30 : 5 = ___   ___ · 5 = ___

b)
81 : 9 = ___   ___ · 9 = 81
42 : 7 = ___   ___ · 7 = ___
40 : 5 = ___   ___ · 5 = ___
24 : 3 = ___   ___ · 3 = ___
10 : 1 = ___   ___ · 1 = ___
12 : 2 = ___   ___ · 2 = ___
32 : 4 = ___   ___ · 4 = ___
24 : 6 = ___   ___ · 6 = ___

② Super-Päckchen

a)
12 : 3 = ___
16 : 4 = ___
20 : 5 = ___
24 : 6 = ___
___ : ___ = ___
___ : ___ = ___

b)
36 : 4 = ___
45 : 5 = ___
54 : 6 = ___
___ : ___ = ___
___ : ___ = ___
___ : ___ = ___

c)
15 : 3 = ___
20 : 4 = ___
25 : 5 = ___
___ : ___ = ___
___ : ___ = ___
___ : ___ = ___

d)
4 : 2 = ___
9 : 3 = ___
16 : ___ = ___
___ : ___ = ___
___ : ___ = ___
___ : ___ = ___

③ Finde Divisionsaufgaben
a) mit dem Ergebnis 6.
b) mit dem Ergebnis 7.

a) 42 : 7 = 6   b) ___ : ___ = 7

④ Fülle die Tabellen aus.

a)

:	4	6
12		
24		
36		

b)

:	4	8
16		
24		
32		
40		
48		

⑤ Finde Aufgaben zu den Zahlen.

a) 24   b) 48   c) 18   d) 27

⑥ a) An wie viele Kinder kannst du 36 Bonbons gerecht verteilen, ohne dass ein Bonbon übrig bleibt?

b) Ein Kartenspiel hat 32 Karten. Alle Karten werden verteilt. Jeder Spieler bekommt gleich viele Karten. Wie viele können mitspielen?

① 3 Zahlen, 4 Aufgaben

a) 3 27 9

	·		=	
	·		=	
	:		=	
	:		=	

b) 8 5 ☐

	·		=	
	·		=	
	:		=	
	:		=	

c) ☐ 6 ☐

	·		=	
	·		=	
	:		=	
	:		=	

d) ☐ ☐ ☐

	·		=	
	·		=	
	:		=	
	:		=	

②

4 · 5 =	18 : 6 =	9 · ☐ = 27	49 : ☐ = 7
7 · 6 =	40 : 5 =	7 · ☐ = 35	32 : ☐ = 8
9 · 8 =	56 : 7 =	9 · ☐ = 54	56 : ☐ = 7
5 · 3 =	81 : 9 =	4 · ☐ = 36	64 : ☐ = 8

③ Division mit Rest

a) Tina hat 32 Bonbons.
Sie verteilt sie an 7 Kinder.
Jedes Kind bekommt ☐ Bonbons.
Als Rest bleiben ☐ Bonbons.

32 : 7 = __ Rest __

b) 26 Kinder wollen spielen.
Es gibt Spiele für jeweils 4 Kinder und für jeweils 3 Kinder.
Wie viele Spiele sind nötig, damit alle Kinder spielen können?
☐ Spiele werden benötigt.

c) Schreibe eine eigene Aufgabe wie in a) oder b).

④ Rechne mit Probe.

61 : 7 =	R	· 7 +	= 61
21 : 4 =		· +	=
38 : 5 =		· +	=
29 : 3 =		· +	=
17 : 2 =		· +	=
54 : 8 =		· +	=
34 : 6 =		· +	=
31 : 9 =		· +	=

⑤ Super-Päckchen

29 : 3 =	R	· 3 +	= 29
29 : 4 =		· +	=
29 : ☐ =		· +	=
29 : ☐ =		· +	=
29 : ☐ =		· +	=
29 : ☐ =		· +	=
29 : ☐ =		· +	=
29 : ☐ =		· +	=

Knobelaufgaben

① Zur Klasse 3 b gehören 31 Kinder.
Heute fehlen 5 Kinder.
Genauso viele Jungen wie Mädchen sind zur Schule gekommen.

Stelle deinen Lösungsweg dar.

② Auf dem Parkplatz können 48 Autos abgestellt werden. 12 Autos sind weggefahren.
Im rechten Teil parken 6 Autos mehr als im linken Teil. Wie viele Autos parken jetzt rechts, wie viele links?

Male oder rechne.
Stelle deinen Lösungsweg dar.

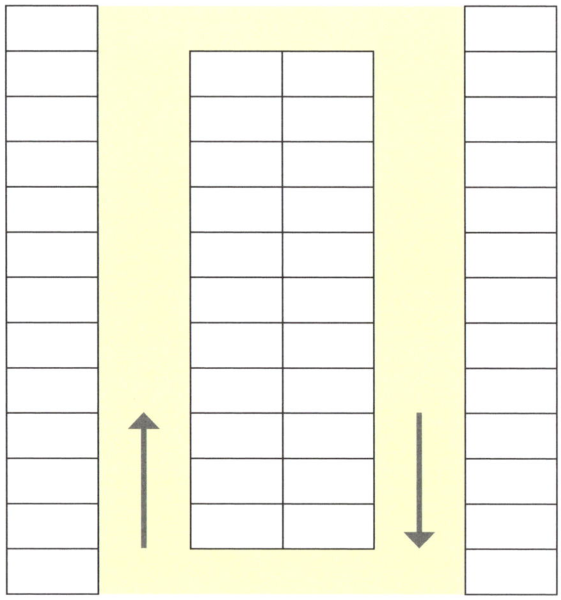

③ Zauberquadrate. Zusammen immer 68? Prüfe:

16	**6**	4	26
10	**20**	22	16
18	**12**	14	24
8	**30**	28	2

16	6	4	26
10	20	22	16
18	**12**	**14**	**24**
8	30	28	2

16	6	4	**26**
10	20	**22**	16
18	**12**	14	24
8	30	28	2

16	6	4	26
10	20	**22**	**16**
18	**12**	14	24
8	30	28	2

④ Immer 68. Finde eigene Beispiele. Markiere die Felder.

16	6	4	26
10	20	22	16
18	12	14	24
8	30	28	2

16	6	4	26
10	20	22	16
18	12	14	24
8	30	28	2

16	6	4	26
10	20	22	16
18	12	14	24
8	30	28	2

16	6	4	26
10	20	22	16
18	12	14	24
8	30	28	2

① Bestimme die Länge der Teilstrecken, berechne die Gesamtlänge der Streckenzüge (Zickzacklinien).

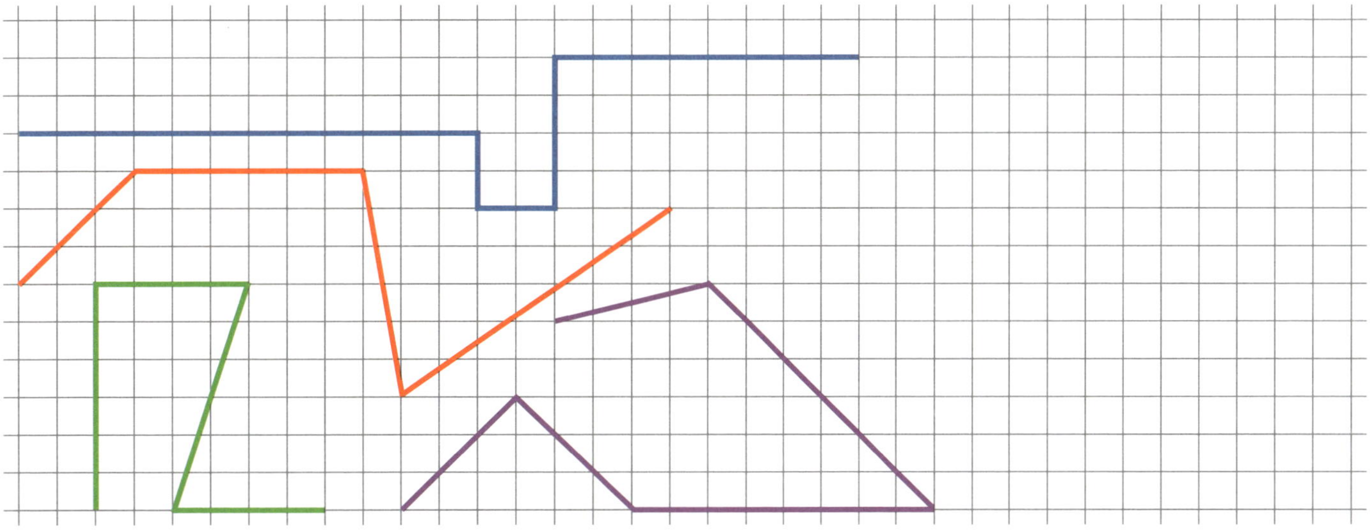

② Schätze, prüfe durch Messung. Fülle die Tabelle aus.

	geschätzt	gemessen
Tür		
Tafel		
Eimer		
Stuhl		
Schultasche		

③ Fülle aus.

Gesund frühstücken

① Einige Helfer machen den Einkauf für das gesunde Frühstück. Sie bereiten die Brötchen, Rohkost und Obst für den Verkauf vor.

Preistafel	
$\frac{1}{2}$ Brötchen mit Salami/Käse/Wurst	60 ct
kleine Tomaten	15 ct
Gurkenscheiben 4 Stück	20 ct
Möhrenscheiben 5 Stück	10 ct
Paprikastreifen	5 ct
$\frac{1}{3}$ Banane	15 ct
Kiwischeiben 2 Stück	10 ct

Eingekauft wurden:
12 große Möhren,
10 Gurken,
24 Tomaten,
18 Kiwis,
8 Bananen.

Aus den großen Möhren entstehen 20 Scheiben. Aus jeder Gurke ebenfalls. Aus jeder Paprika entstehen 8 Streifen, aus jeder Kiwi entstehen 6 dicke Scheiben und aus jeder Banane 3 Stücke.

Fülle die Tabelle aus:

aus …	werden …
12 Möhren	____ Möhrenscheiben
	____
	____
	____
	____

② Wie viel Cent müssen die Kinder bezahlen? Schreibe auf, wie du rechnest.

a) 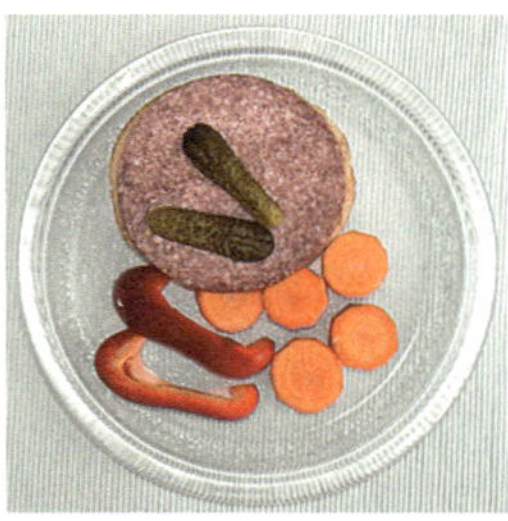

b) 

c) 

d) 

① Dieses Bild kennst du schon.

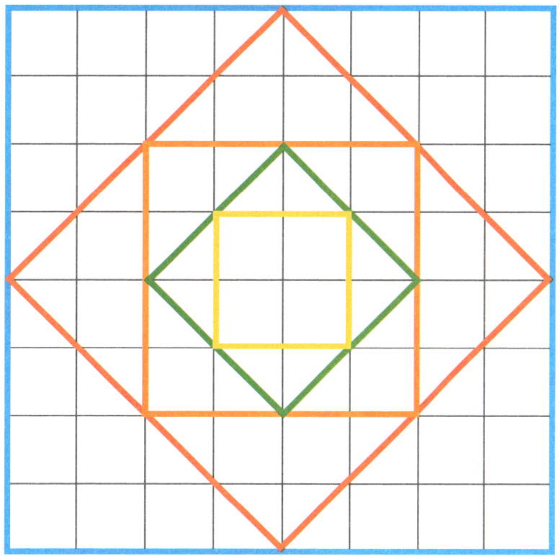

a) Vervollständige die Aussagen.

_______________ ist halb so groß wie _______________.

_______________ ist halb so groß wie _______________.

_______________ ist doppelt so groß wie _______________.

_______________ ist viermal so groß wie _______________.

b) Wie oft passen die verschiedenen Quadrate in das blaue Quadrat?

passt genau ____ mal in .

passt genau ____ mal in .

passt genau ____ mal in .

passt genau ____ mal in .

② Übe das Zeichnen von einfachen Grundformen. Wähle aus.

- ein Rechteck
- ein Rechteck, das auf der kurzen Seite steht
- ein Quadrat
- ein Dreieck, das aussieht wie ein halbes Quadrat
- ein Quadrat, das auf der Spitze steht
- ein Quadrat und ein Dreieck, die zusammen wie ein Haus aussehen
- ein Rechteck, das aus zwei gleich großen Quadraten besteht

① Wie viele? Schreibe in die Stellentafel.

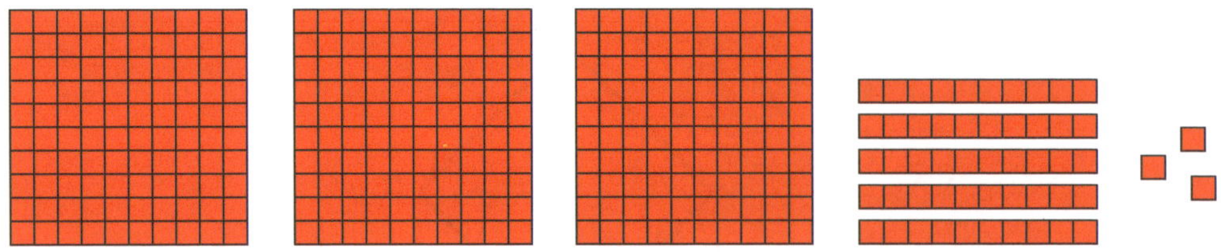

H	Z	E

② Schreibe in die Stellentafel.

a) 

H	Z	E

b) 

H	Z	E

c) 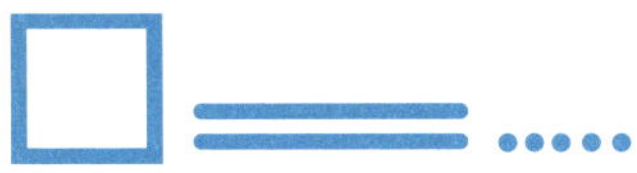

H	Z	E

d) 

H	Z	E

e) 

H	Z	E

f) 

H	Z	E

③ Zeichne die Zahlbilder.

H	Z	E
2	5	3

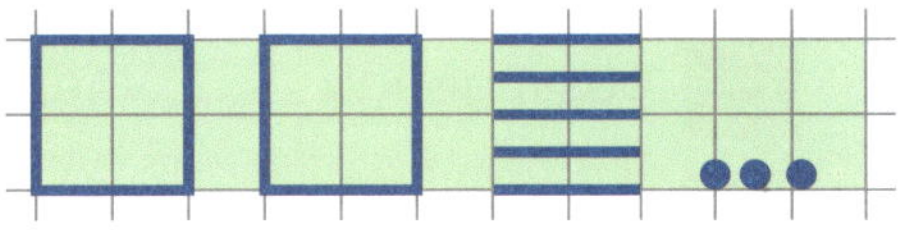

H	Z	E
3	4	2

H	Z	E
2	2	2

H	Z	E
	6	5

H	Z	E
1	3	7

H	Z	E
4	0	1

④ Schreibe als Summe. 851 = 800 + 50 + 1

793 =

456 =

128 =

281 =

812 =

605 =

560 =

650 =

506 =

56 =

SB ▸ 18/19 E ▸ 9 A ▸ 9

1 Ergänze die fehlenden Darstellungen.

Stellentafel	Zahlbild	Additionsaufgabe
H Z E 7 5 6		700 + 50 + 6
H Z E 6 7 9		
H Z E		
H Z E		400 + 70 + 8
H Z E		

2 Schreibe die Zahl.

zweihundertfünfundsechzig	256
siebenhundertdreiundfünfzig	
vierhundertachtunddreißig	
dreihundertsechsundzwanzig	
fünfhundertneunzig	
vierhundertdreiundachtzig	
sechshundertneunundfünfzig	
neunhundertfünf	
einhundertvierundvierzig	
achthundertsechsundsiebzig	

3 Schreibe wie im Beispiel.

134 E = 1 H 3 Z 4 E
403 E =
890 E =
53 E =
718 E =
27 Z =

4 Super-Päckchen

700 + 200 =
600 + 300 =
500 + =
+ =
+ =
+ =

5 Schreibe in ct.

1 € 0 ct = 100 ct
5 € 0 ct = ct
6 € 50 ct = ct
7 € 85 ct = ct
9 € 2 ct = ct
10 € 0 ct = ct

6 Wie viele € und ct?

450 ct = € ct
665 ct = € ct
770 ct = € ct
201 ct = € ct
554 ct = € ct
999 ct = € ct

① Wo liegen die Zahlen?

a) Färbe die entsprechenden Kästchen gelb ein.

140	590	128	360	440	801
837	740	283	465	906	575
685	601	783	290	928	337

b) Schreibe die Zahlen zu den rot gefärbten Kästchen nach der Größe geordnet auf. Beginne bei der kleinsten Zahl.

Was fällt dir auf?

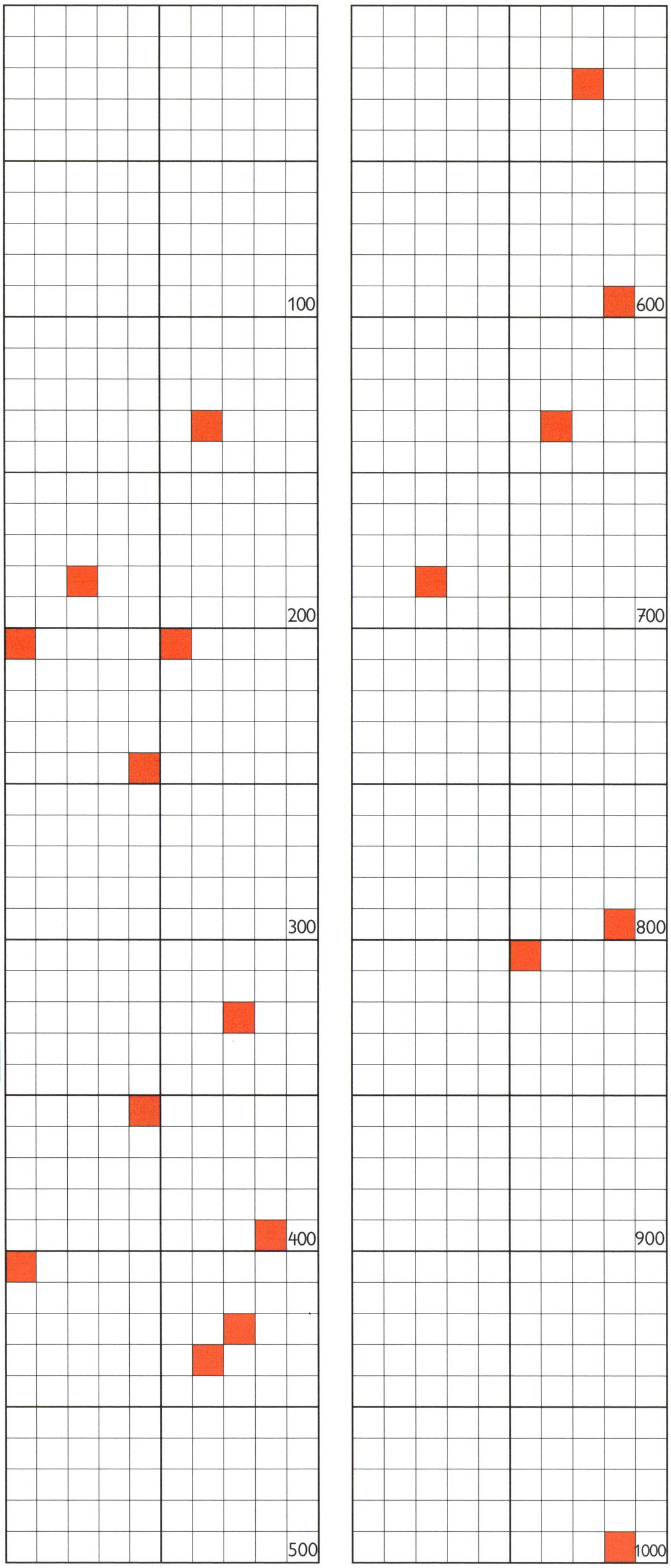

② a) Welche Einerziffern kommen nicht vor?

Endziffern ☐ und ☐

b) Berechne den Unterschied zwischen Zahlen, die in der Tausendertafel in derselben Spalte stehen. Schreibe als Plusaufgabe.

1	4	0	+				=	2	9	0
2	9	0	+				=	4	4	0
			+				=	5	9	0
			+				=	7	4	0
2	4	5	+				=	4	6	5
			+				=			
			+				=			
			+				=			

① Trage die fehlenden Zahlen ein.

a)

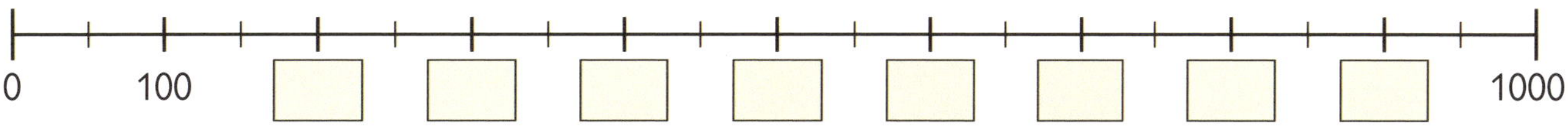

b)

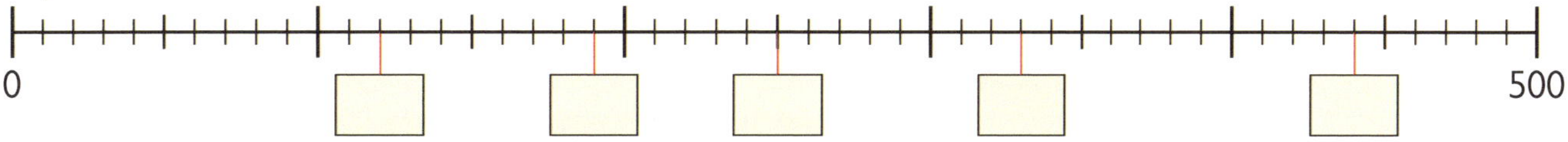

② **a)** Wo liegen die Zahlen ungefähr?

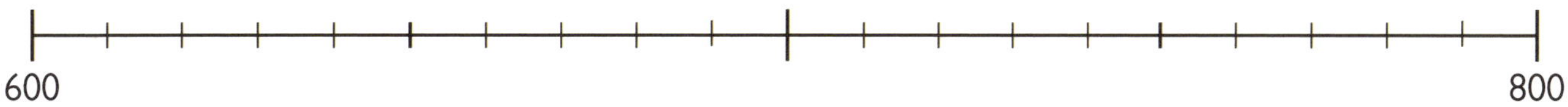

627 | 653 | 697 | 761 | 771 | 784 | 798

b) Wo liegen die Zahlen genau?

425 | 449 | 467 | 485 | 498 | 507 | 511

③ Trage die fehlenden Zahlen ein.
Gehe dann vorwärts und rückwärts in großen und kleinen Schritten.

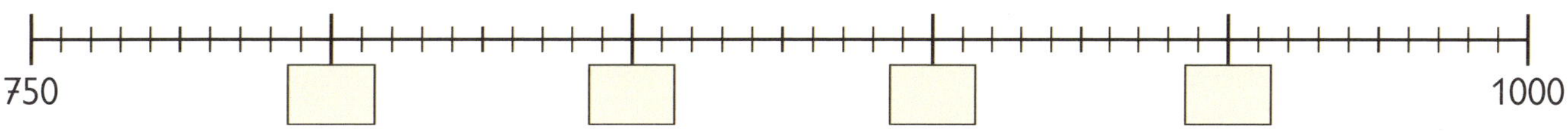

750, 800, 850, ______ 1000

770. 820, 870, ______ 950

990, 940, 890, ______ 690

775, 825, 875, ______ 1000

980, 960, 940, ______ 860

765, 795, 825, ______ 945

980, 965, 950, ______ 890

750, 760, 780, 810 ______ 960

④ **a)** Notiere alle Zahlen zwischen 300 und 400, deren Einerziffer doppelt so groß ist wie die Hunderterziffer.

b) Notiere alle Zahlen zwischen 600 und 700, deren Zehnerziffer halb so groß ist wie die Hunderterziffer.

c) Wie viele Zahlen zwischen 750 und 850 haben gleiche Zehner- und Einerziffer?

① Diese Bücher gibt es im Eulennest.

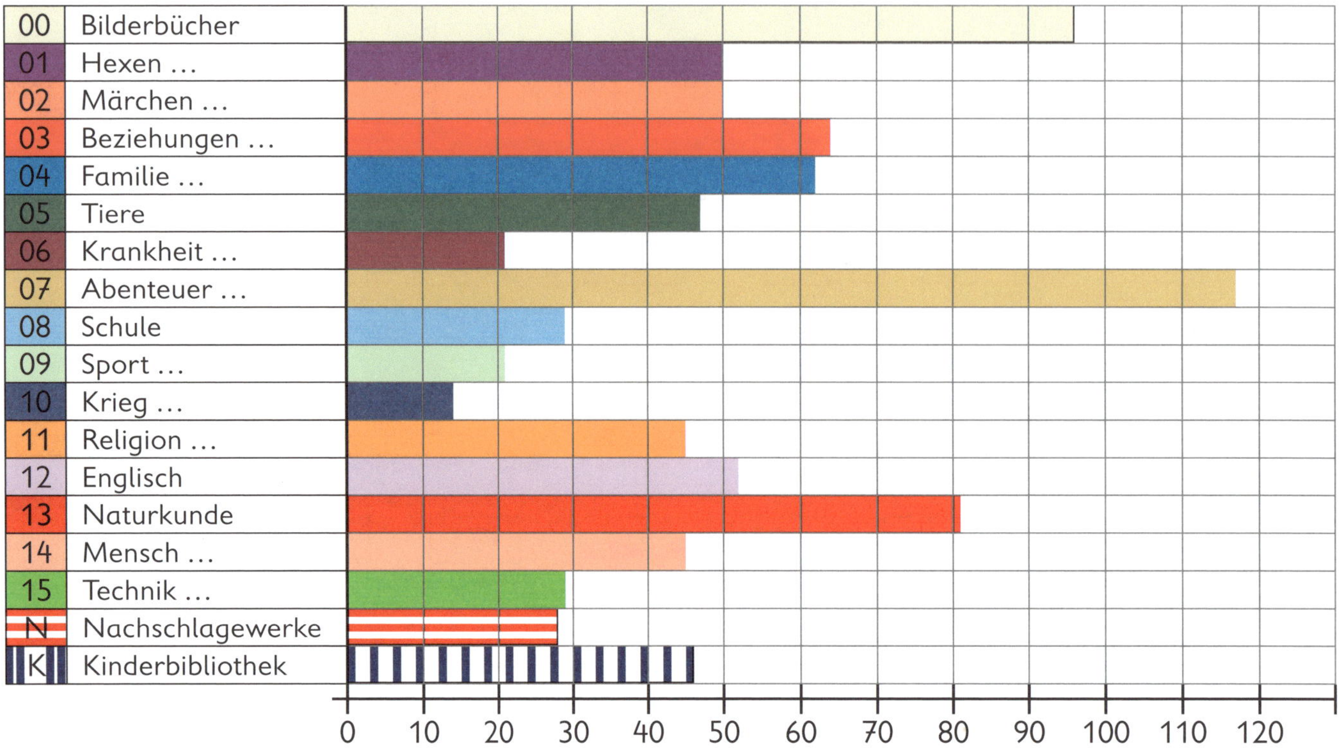

Mit diesem Balkendiagramm lassen sich viele Fragen sofort klären.
Schreibe deine Antworten auf:

a) In welcher Kategorie gibt es die wenigsten Bücher? ____________________

b) Welches sind die 3 Kategorien mit den meisten Büchern? ____________________

____

c) In welchen Kategorien gibt es weniger als 40 Bücher? ____________________

____

d) In welchen Kategorien gibt es mehr als 60 Bücher? ____________________

____

e) In welchen Kategorien gibt es gleich viele Bücher? ____________________

____

② Für die Schülerbücherei sollen weitere Bücher angeschafft werden. Danach sollen in allen Kategorien mindestens 40 Bücher verfügbar sein. Wie viele Bücher müssen ungefähr gekauft werden?

SB ▸ 26/27 E ▸ 13 A ▸ 13

① a) Ergänze, finde weitere richtige Aussagen.

Jan ist größer als Nina.

Paula ist kleiner als Noah.

Noah ist kleiner als Nina.

Jan ist ____________ als Noah.

Paula ist ____________ als Jan.

____

____

b) Wer ist wer?
Fülle die Tabelle aus.

1m 24cm

1m 32cm

145cm

1,38m

Name	cm	m cm	Komma-zahl

②

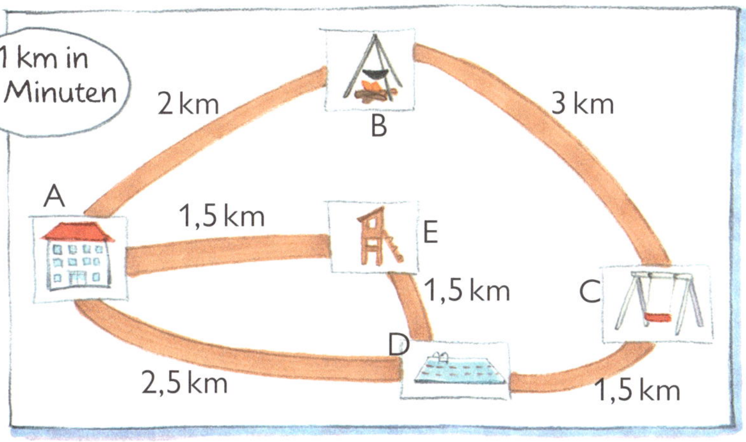

a) Wie lange brauchen die Kinder?

von A über B nach C	von A über E nach D	von B nach C – D – E	von A nach D
____________	____________	____________	____________

b) Fülle die Tabelle aus.

Strecke in km		1	2	3	4	5	6		
Zeit in Minuten	zu Fuß	15							
	mit dem Fahrrad	6							

① Bestimme die genaue Länge der Stifte und trage sie in die Tabelle ein.
Beginne mit dem kürzesten Stift.

② Zeichne die Strecken. Vervollständige die Maßtabelle.

a)	6 cm 4 mm	64 mm
b)		102 mm
c)	7 cm	
d)	9 cm 5 mm	
e)		121 mm

③ Wähle 2 oder 3 Kärtchen. Die Summe der Längen soll zwischen 12 cm und 15 cm liegen.

1 cm 2 mm

106 mm

62 mm

38 mm

54 mm

7 cm 4 mm

① Im Kinosaal finden 830 Zuschauer Platz.

a) 485 Plätze sind schon besetzt. Wie viele freie Plätze gibt es im Moment?

b) 78 Karten sind vorbestellt. Wie viele Karten können noch verkauft werden?

c) Vor den beiden Kinokassen stehen noch 65 bzw. 67 Personen in der Warteschlange.

② a)
20 + 40 = ____
420 + 40 = ____
424 + 40 = ____
424 + 44 = ____

b)
340 + 50 = ____
340 + 56 = ____
341 + 56 = ____
344 + 56 = ____

c)
461 + 20 = ____
471 + 26 = ____
491 + 27 = ____
493 + 27 = ____

d)
647 + 30 = ____
657 + 35 = ____
687 + 35 = ____
697 + 35 = ____

③ Rechnen in Tabellen

a)

+	30	40	70
530			
640			
860			

b)

+		60	
450	490		
630			710
		830	

c)

+	15	35	
		300	
	500		
545			600

④ Rechne wie im Beispiel.

a)
752 + 139 =
700 + 100 =
50 + 30 =
2 + 9 =

b)
638 + 151 =

c)
719 + 187 =

⑤ Rechne geschickt mit drei Summanden.

a)
265 + 325 + 135 = ____
163 + 415 + 385 = ____

b)
446 + 118 + 254 = ____
254 + 568 + 132 = ____

⑥ a)
850
520 | ___
370 | ___ | 80

b)
810
___ | 350
430 | ___ | ___

c)
___
390 | 250
___ | ___ | ___

d)
810
___ | ___
___ | 145 | ___

Überschlagen – Rechenvorteile

① Verschaffe dir einen Überblick durch Rechnen mit einfachen Zahlen.
Mache einen Überschlag, färbe passend ein.

< 700

700 – 900

> 900

698 + 212 | 409 + 198 | 178 + 432 | 313 + 247 | 611 + 108 | 473 + 215 | 66 + 777 | 847 + 64 | 667 + 274 | 635 + 301 | 109 + 581 | 374 + 299 | 476 + 215 | 266 + 357 | 756 + 146 | 463 + 407 | 306 + 284 | 569 + 121 | 222 + 388

② Richtig oder falsch? Begründe.

673 + 248 = 808 f denn
670 + 200 ist schon > 808

316 + 467 = 883 f denn
316 + 416 ist sicher < 800

208 + 573 = 781 ☐ denn

467 + 367 = 704 ☐ denn

556 + 263 = 910 ☐ denn

706 + 284 = 991 ☐ denn

174 + 461 = 915 ☐ denn

854 + 126 = 880 ☐ denn

③ Erst überschlagen, genau rechnen, dann prüfen.

a)
254 + 378 =

Ü: mehr als 600
254 + 378 =
200 + 300 =
50 + 70 =
4 + 8 =

b)
638 + 151 =

Ü:

c)
719 + 187 =

Ü:

SB ▸ 36/37 E ▸ 18 A ▸ 18

Rechne. Notiere die Überträge.

1

a) H Z E	b) H Z E	c) H Z E	d) H Z E	e) H Z E
2 3 6	2 4 8	5 6 3	6 0 4	4 5 7
+ 1 3 7	+ 4 7 1	+ 2 8 4	+ 2 9 8	+ 4 4 4

373 719 847 867 901 902

2

a) H Z E	b) H Z E	c) H Z E	d) H Z E	e) H Z E
4 2 7	5 8 9	3 6 7	2 6 3	6 8 5
+ 1 9 6	+ 3 5 3	+ 4 8 6	+ 5 7 5	+ 2 4 7

623 638 838 853 932 942

3 Schreibe stellengerecht untereinander und berechne durch schriftliches Addieren. Notiere alle Überträge sorgfältig.

a) 436 + 345 b) 568 + 354 c) 809 + 184 d) 692 + 269 e) 709 + 199

f) 585 + 286 g) 465 + 397 h) 636 + 274 i) 208 + 693 j) 417 + 195

a)

	H	Z	E
	4	3	6
+	3	4	5
		1	
	7	8	1

612 781 781 801 851 862 871 908 910 922 942 993

4 Ergänze die fehlenden Ziffern.

	3	6			4		5		6		4			5	9
+	4		8	+		2		+	2	9		+	4		
		3	2		7	5	1				7		8		5

5 Finde viele Aufgaben.

		5	8			5	8			5	8			5	8
+		4		+		4		+		4		+		4	
	9		5		9		5		9		5		9		5

Schriftlich addieren

① Schreibe stellengerecht und addiere schriftlich.

a) 137 + 336 b) 683 + 235 c) 766 + 225 d) 608 + 283 e) 608 + 293

473 881 891 901 918 991

② Rechne wie im Beispiel.

Beispiel:

	H	Z	E
	2	3	9
+	4	1	5
+	3	2 (Übertrag 2)	8
	9	8	2

a)

	H	Z	E
	1	0	7
+	3	4	8
+	2	0	9

b)

	H	Z	E
	4	8	1
+	1	7	0
+	2	9	5

c)

	H	Z	E
	2	6	7
+	3	7	9
+	1	8	6

d)

	H	Z	E
	5	0	8
+	1	9	0
+		7	9

e)

	H	Z	E
	5	8	9
+	1	9	9
+	1	7	9

664 777 832 946 967 982 994

③ In welchem Bereich des Zahlenstrahls liegen die Summen?

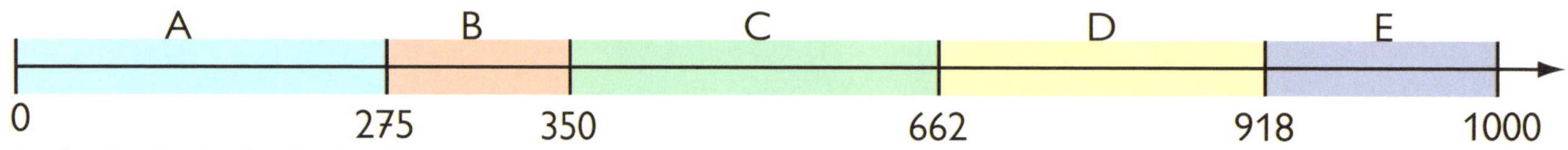

548 + 156 D

a) 576 + 358 ☐ b) 184 + 147 ☐ c) 109 + 165 ☐ d) 285 + 629 ☐

Finde eigene Aufgaben.

e) 275 + ____ C f) 275 + ____ B g) 275 + ____ D h) 275 + ____ E

④ Richtig oder falsch? Welcher Zettel passt?

- **A** Übertrag bei der Zehnerstelle vergessen
- **B** Rechenfehler in der Zehnerstelle
- **C** Rechenfehler in der Hunderterstelle
- **D** Übertrag zu viel
- **E** Übertrag bei einer Stelle vergessen
- **F** Immer Übertrag vergessen.

Beispiel:

	3	6	8		
+	3	2	4		
		1			
	6	8	2	f	E
		9			

a) 592 + 396 = 988 ☐

b) 489 + 246 = 745 ☐

c) 647 + 185 = 732 ☐

d) 813 + 177 = 989 ☐

e) 364 + 429 = 803 ☐

f) 138 + 572 = 600 ☐

SB ▸ 40/41 E ▸ 20 A ▸ 20

Zahlen aus der Schule

① Schule früher und heute

Schuljahr	Anzahl Schüler	Anzahl Klassen	Schüler pro Klasse	Anzahl Lehrer
1968/69	569	14	36–44	12
1986/87	257	12	17–25	12
1994/95	340	13	20–29	15
2002/03	362	13	23–29	14
2008/09	277	12	21–30	17

Stelle die Schülerzahlen als Balkendiagramm dar.
Wähle für jeden Balken eine andere Farbe.

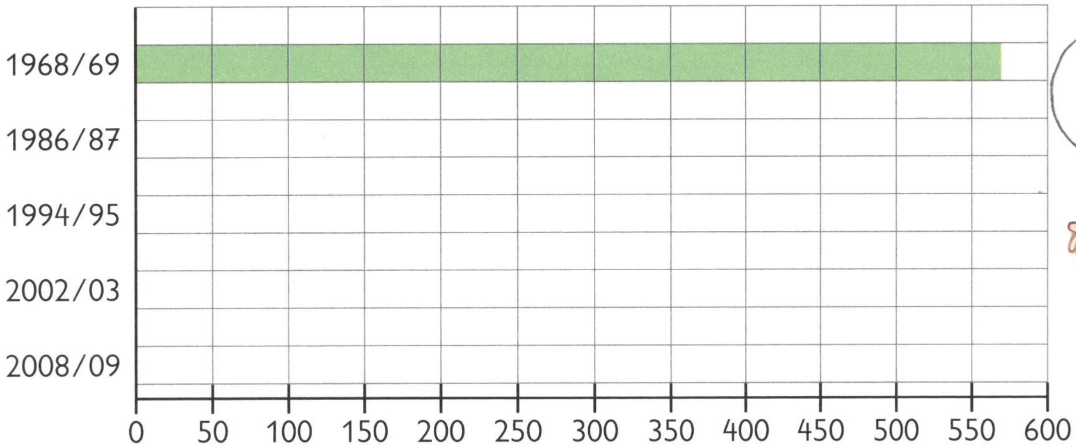

② Wie viel Platz hatten die Kinder auf dem Schulhof?
Zeichne jeweils einen Punkt für 10 Kinder.

1968/69

● = 10 Kinder

2008/09

Was fällt dir auf? ______________________________

____

③ Trage die fehlenden Werte ein.

	Mädchen	Jungen	Summe
in der OGS	35		73
nicht in der OGS			
Summe		137	279

Subtraktion mit großen Zahlen

① Rechne im Kopf. Nutze die einfache Aufgabe.

a) 672 – 27 = ____
485 – 46 = ____
563 – 38 = ____
781 – 54 = ____
784 – 68 = ____
872 – 47 = ____

b) 965 – 59 = ____
694 – 75 = ____
478 – 39 = ____
681 – 76 = ____
864 – 48 = ____
752 – 36 = ____

② Einfach mit Hundertern rechnen, dann ausgleichen.

a) 526 – 99 = ____
673 – 99 = ____
712 – 99 = ____
485 – 99 = ____

b) 482 – 199 = ____
761 – 299 = ____
904 – 599 = ____
823 – 499 = ____

c) 423 – 98 = ____
681 – 297 = ____
807 – 498 = ____
712 – 595 = ____

③ Einfach ist oft die Lösung durch Ergänzen.

a) 620 – 85 = ____
560 – 73 = ____
740 – 67 = ____
820 – 34 = ____

b) 457 – 68 = ____
721 – 79 = ____
817 – 31 = ____
526 – 49 = ____

④ Einfach in Schritten, erst die Hunderter, dann die Zehner, dann die Einer.

a) 733 – 365 = ____
805 – 478 = ____
956 – 587 = ____
720 – 258 = ____

b) 572 – 388 = ____
632 – 466 = ____
706 – 578 = ____
824 – 787 = ____

⑤ Wie rechnest du?

a) 475 – 36 = ____
657 – 84 = ____
652 – 78 = ____
525 – 87 = ____

b) 532 – 284 = ____
726 – 398 = ____
918 – 68 = ____
634 – 79 ____

c) 586 – 77 = ____
676 – 67 = ____
766 – 57 = ____
856 – 47 = ____

SB ▸ 44/45 E ▸ 22 A ▸ 22

Rechne. Notiere die Überträge.

1

	a)			b)			c)			d)			e)		
	H	Z	E	H	Z	E	H	Z	E	H	Z	E	H	Z	E
	7	8	3	5	4	9	6	1	4	9	4	5	7	8	2
−	2	6	7	1	8	3	4	7	3	5	6	5	3	7	6

141 292 366 380 406 516

2

	a)			b)			c)			d)			e)		
	H	Z	E	H	Z	E	H	Z	E	H	Z	E	H	Z	E
	9	4	1	8	2	3	7	0	6	6	1	7	5	3	4
−	7	6	2	5	1	9	5	2	9	4	0	9	2	6	7

177 179 208 267 304 315

3 Schreibe stellengerecht untereinander und berechne durch schriftliches Subtrahieren. Notiere alle Überträge sorgfältig.

a) 437 – 219 **b)** 825 – 453 **c)** 657 – 388 **d)** 703 – 409 **e)** 876 – 678

f) 684 – 376 **g)** 738 – 565 **h)** 836 – 408 **i)** 614 – 308 **j)** 753 – 375

a)

	4	3	7
−	2	1	9
		1	
	2	1	8

173 198 218 269 294 306 308 372 378 428 772

4 Ergänze die fehlenden Ziffern.

		8	2		8	3					2		8		
−	5			−	2		9	−	7	4		−		5	9
	2		3			7	8		2		9			9	2

5 Finde viele Aufgaben.

			1				1				1				1
−		6		−		6		−		6		−		6	
	3	7	5		3	7	5		3	7	5		3	7	5

SB ▸ 46/47 E ▸ 23 A ▸ 23

Rechne wie im Beispiel.

1

	a)	b)	c)	d)	e)
	H Z E	H Z E	H Z E	H Z E	H Z E
	6 10				
	8 7 3	6 3 9	7 1 5	8 5 4	8 6 3
	− 3 5 7	− 2 6 7	− 4 6 2	− 5 7 4	− 4 5 6
	5 1 6				

253 280 372 407 516 607

2

a)	b)	c)	d)	e)
H Z E	H Z E	H Z E	H Z E	H Z E
9 6 1	7 3 2	8 0 5	6 1 3	9 2 4
− 6 8 2	− 4 2 8	− 6 3 8	− 3 0 6	− 3 7 6

167 279 304 307 548 549

3 Schreibe stellengerecht untereinander und berechne durch schriftliches Subtrahieren.

a) 457 – 229 b) 735 – 363 c) 843 – 657 d) 704 – 408 e) 865 – 568

f) 674 – 276 g) 837 – 475 h) 931 – 468 i) 912 – 506 j) 751 – 157

a)

	4	10
4	5	7
− 2	2	9
2	2	8

186 296 297 362 372 398 406 463 519 594

4 Finde viele Aufgaben.

_ _ 1	_ _ 1	_ _ 1	_ _ 1	_ _ 1
− _ 6 _	− _ 6 _	− _ 6 _	− _ 6 _	− _ 6 _
2 7 8	2 7 8	2 7 8	2 7 8	2 7 8

SB ▸ 48/49 E ▸ 24 A ▸ 24

1

a) 875 − 263   b) 761 − 325   c) 716 − 473   d) 823 − 576   e) 653 − 347

f) 918 − 486   g) 629 − 197   h) 814 − 382   i) 513 − 191   j) 821 − 389

243 247 306 316 322 432 432 432 432 436 612

2 Schreibe stellengerecht untereinander, wenn du schriftlich subtrahieren willst.

a) 623 − 174   b) 503 − 382   c) 735 − 437   d) 607 − 409

e) 726 − 86   f) 904 − 675   g) 816 − 408   h) 901 − 316

121 198 229 298 308 408 449 585 640

3 Von welcher Zahl wurde subtrahiert?

a) ☐☐☐ − 253 = 476   b) ☐☐☐ − 137 = 384   c) ☐☐☐ − 382 = 256   d) ☐☐☐ − 468 = 406   e) ☐☐☐ − 375 = 543

4 Bestimme die fehlenden Ziffern.

a) 8☐4 − 52☐ = ☐51   b) ☐1☐ − 2☐1 = 334   c) 7☐2 − ☐4☐ = 555   d) 956 − ☐☐☐ = 543   e) 831 − ☐☐☐ = 257

Schriftlich subtrahieren und die Null

① Prüfe durch Probe.
Markiere als r oder f.

	7	0	5	
–	2	8	6	
	4	1	9	r

a) 403 – 257 = ☐
b) 640 – 277 = ☐
c) 815 – 536 = ☐
d) 724 – 596 = ☐
e) 905 – 408 = ☐
f) 865 – 356 = ☐
g) 653 – 549 = ☐

② Wie geht es weiter?
Wie wird gerechnet? Immer ______.

965	860	755							

③ Was kann sein? Finde mehrere Lösungen.

6☐1 – ☐☐4 = 257 (fünfmal)

④
a) Wenn ich meine Zahl von 671 subtrahiere, erhalte ich 441.

b) Meine Zahl ist genauso groß wie der Unterschied von 812 und 680.

c) Wenn ich meine Zahl um 386 vermindere, bleiben 256.

d) Meine Zahl ist um 125 kleiner als das Doppelte von 423.

SB ▸ 52/53 E ▸ 26 A ▸ 26

Parkhaus täglich 24 Stunden geöffnet

Parktarif		**Sondertarif**	
Montag–Freitag 7.00–20.00 Uhr Samstag 7.00–18.00 Uhr		außerhalb dieser Zeiten sowie an Sonn- und Feiertagen	
je angefangene Stunde 1–3 Stunde	1,50 €	je angefangene Stunde	1,00 €
ab 4. Stunde	1,00 €	Tageshöchstbetrag	5,00 €
Tageshöchstbetrag	11,50 €		

① Im Schaubild sind die Parkgebühren an Werktagen von 7.00 bis 20.00 Uhr dargestellt.

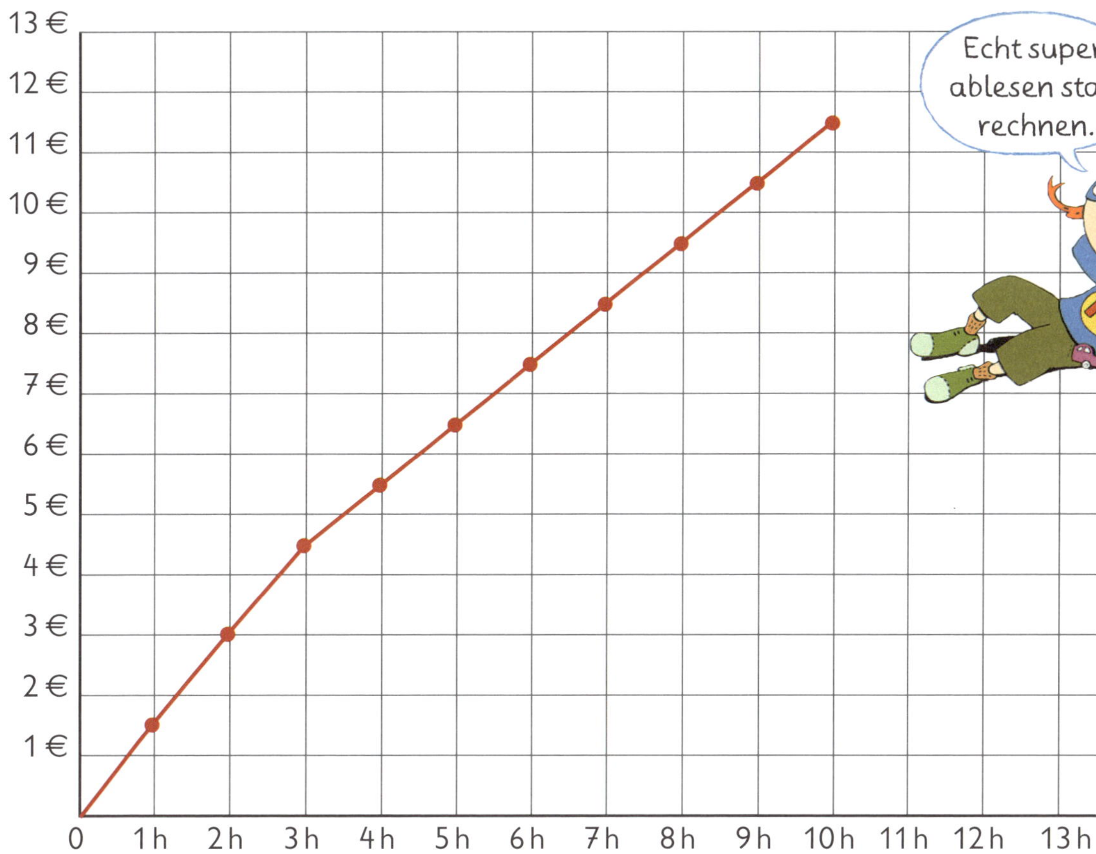

a) Lies die Parkgebühren aus dem Schaubild ab. Fülle die Tabelle aus.

Parkdauer bis … Stunden	2	4	5	6	8	10	11	12
Parkgebühr								

b) Zeichne in das Schaubild in Blau eine Kurve für die Parkgebühren im Sondertarif.

c) Lies die Preisunterschiede zwischen den Tarifen ab. Fülle die Tabelle aus.

Parkdauer bis … Stunden	2	4	5	6	8	10	11	12
Preisunterschied								

1. Ali hat eingekauft.
Der Kassenbon gibt Auskunft.
Beantworte die Fragen.

			EUR	
Pizza		(2)	4,69	Mehrwertsteuer 19 %
Vollmilch		2	0,68	
Joghurt		2	0,59	
4 x	0,19			
Mineralwasser		(1)	0,76	Mehrwertsteuer 7 %
4 x	0,25			
Pfand PET		1	1,00	
Summe			7,72	Gesamtpreis
EURO			10,00	gegeben
Rückgeld			2,28	
(1) MwSt 19 %		1,76	0,28	Steuerbetrag
(2) MwSt 7 %		5,96	0,39	
Netto-Umsatz			7,05	Wert der Ware
Kas: 003/0016			(7)	Anzahl der Teile
Dat. 08.09.2008	Zeit: 14:50:15			

a) Was hat Ali eingekauft? ______________________

b) Was kostet der gesamte Einkauf? ______________________

c) Wie viel Mehrwertsteuer ist in dem Betrag enthalten? ______________________

d) Wie viel Geld gibt Ali der Kassiererin? ______________________

e) Wie viel Geld bekommt er zurück? ______________________

f) Wie viel Pfand hat er für 1 Flasche Mineralwasser bezahlt? ______________________

2. Berechne jeweils den Gesamtpreis und das Rückgeld.

a)

		EUR
Mineralwasser	1	1,14
Pfand	1	1,50
Cherrytomaten	2	0,99
Birnen	2	1,49
Summe		
EURO		5,52
Rückgeld		

b)

		EUR
Kaffee	2	2,99
Zitronen	2	0,99
Pizza special	2	2,49
Summe		
EURO		10,00
Rückgeld		

c)

		EUR
Tiefkühlkost	1	0,49
BioBio-Milch	2	0,89
Wurst	2	1,99
Kräuterbutter	2	0,88
Rahmgemüse	2	1,79
Pommes frites	2	1,39
Summe		
EURO		10,00
Rückgeld		

SB ▸ 56/57 E ▸ 28 A ▸ 28

① Mit Hilfe der Zeichenuhr lassen sich leicht gleich große Teile erzeugen.

a) Drei Kinder teilen sich eine große runde Pizza.
Vervollständige die Minutenangaben.
Zeichne die Schnittlinien ein.
Gib die Größe der Stücke in Minuten an.

Jedes Kind bekommt eines von drei gleichen Teilen, $\frac{1}{3}$ Pizza. Jedes Teil entspricht

dem Anteil von ________ Minuten.

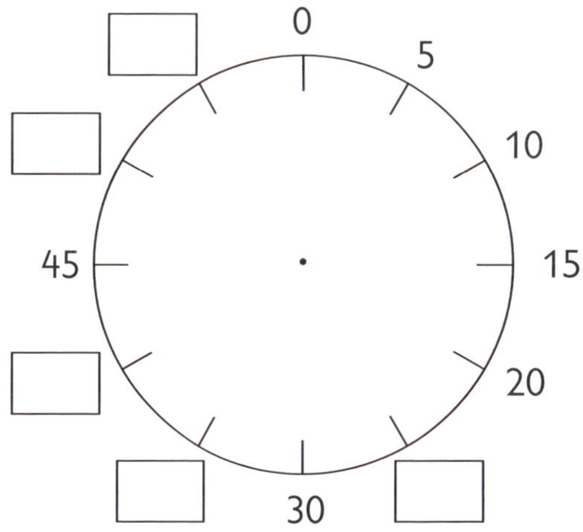

b) Wie groß werden die Stücke, wenn vier Kinder sich die Pizza teilen?

② Wie viele Kinder haben geteilt, wenn jedes Kind ein Stück bekommt, das 12 Minuten entspricht? ____________________

③ Beim Teilen darf kein Rest bleiben.
Fülle die Tabelle aus. Wie viele Möglichkeiten findest du?

Teile zu je ... Minuten	60	30									
Anzahl der Teile	1										

④ Zeichne:

a) ein Dreieck mit gleich langen Seiten

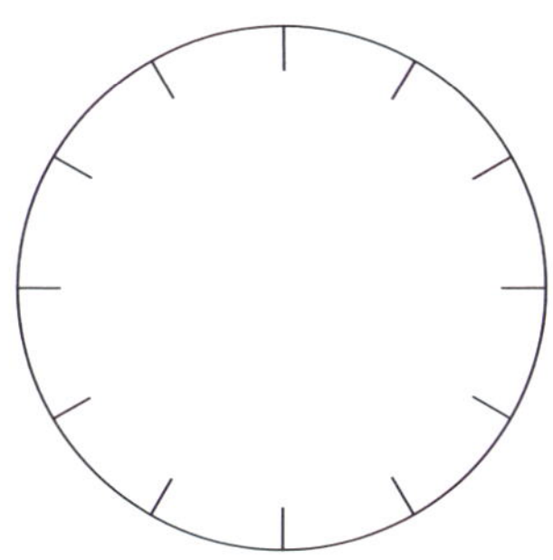

b) ein Sechseck mit gleich langen Seiten

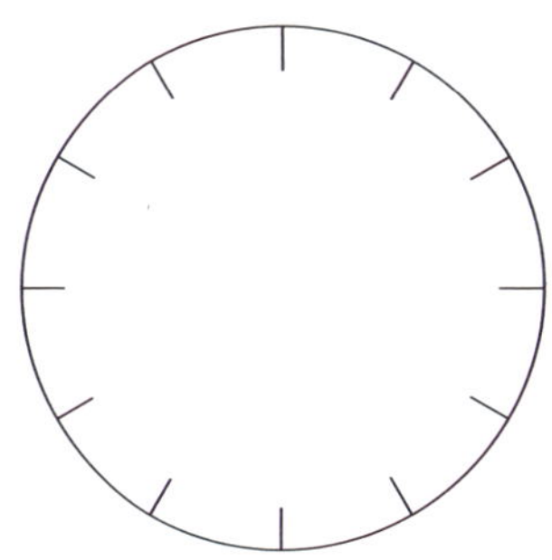

ⓒ Immer 6 Minuten.
Wie viele Ecken hat die Figur?

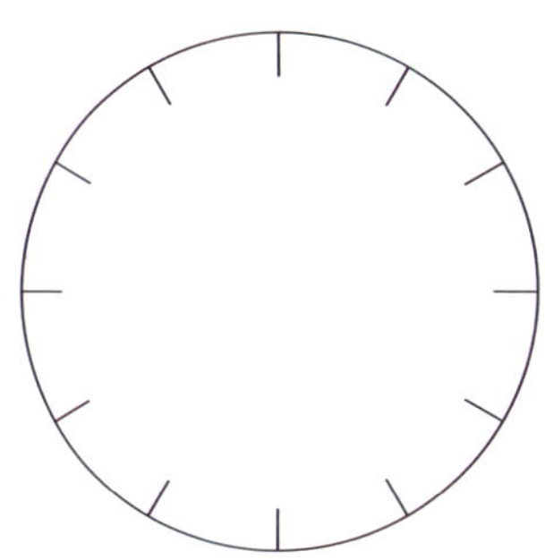

Frau Berger möchte von Düsseldorf nach Frankfurt reisen.
Der Fahrplanausschnitt zeigt, dass es viele Reisemöglichkeiten gibt.

Bahnhof/Haltestelle	Abfahrt Ankunft		Fahrzeit	Umsteigen	Produkt	Preis in €
Düsseldorf Hbf	ab	08:22	1:26	0	ICE	70
Frankfurt (Main) Hbf	an	09:48				
Düsseldorf Hbf	ab	08:27	1:46	2	EC, ICE	70
Frankfurt (Main) Hbf	an	10:13				
Düsseldorf Hbf	ab	08:27	2:47	1	EC, ICE	49
Frankfurt (Main) Hbf	an	11:14				
Düsseldorf Hbf	ab	08:52		1	IC, ICE	70
Frankfurt (Main) Hbf	an	10:30				
Düsseldorf Hbf	ab	09:13	1:35	0	ICE	70
Frankfurt (Main) Hbf	an	10:48				
Düsseldorf Hbf	ab	09:22	1:40	0	ICE	70
Frankfurt (Main) Hbf	an	11:02				
Düsseldorf Hbf	ab	09:27		2	ICE	70
Frankfurt (Main) Hbf	an	11:14				
Düsseldorf Hbf	ab	09:27	2:46	0	ICE	49
Frankfurt (Main) Hbf	an	12:13				
Düsseldorf Hbf	ab	09:49		1	IC, ICE	70
Frankfurt (Main) Hbf	an	11:42				
Düsseldorf Hbf	ab	10:27		1	ICE	70
Frankfurt (Main) Hbf	an	12:13				
Düsseldorf Hbf	ab	10:27		1	EC, ICE	49
Frankfurt (Main) Hbf	an	13:14				
Düsseldorf Hbf	ab	11:22	1:26	0	ICE	70
Frankfurt(Main) Hbf	an	12:48				
Düsseldorf Hbf	ab	11:27		1	ICE	70
Frankfurt(Main) Hbf	an	13:14				
Düsseldorf Hbf	ab	11:27		1	ICE, IC	49
Frankfurt (Main) Hbf	an	14:13				
Düsseldorf Hbf	ab	11:49		1	IC, ICE	70
Frankfurt (Main) Hbf	an	13:44				

① Lies ab, notiere als Tabelle.

Abfahrt zwischen	Anzahl der Zugverbindungen
8–9 Uhr	
9–10 Uhr	
10–11 Uhr	
11–12 Uhr	
insgesamt 8–12 Uhr	

② Frau Berger hat den Zug verpasst. „So ein Pech!“, sagt sie. „Fast eine Stunde muss ich jetzt warten.“
Wann wollte Frau Berger abfahren?

____

Wann wird sie in Frankfurt ankommen?

____

③ Berechne die Reisedauer für die durchgehenden Verbindungen (ohne Umsteigen) in Minuten. Trage sie in die Tabelle ein.

Abfahrt	Ankunft	Fahrzeit

Um 8.27 Uhr fahren gleichzeitig zwei Züge nach Frankfurt ab.
Bei der einen Verbindung muss man zweimal umsteigen, bei der anderen nur einmal.
Wie viel Zeit spart man mit der schnelleren Verbindung ein? ______________________

SB ▸ 62/63 E ▸ 31 A ▸ 31

(1) Zeichne zu jedem Beispiel die Figur, die beim Faltschnitt entsteht.

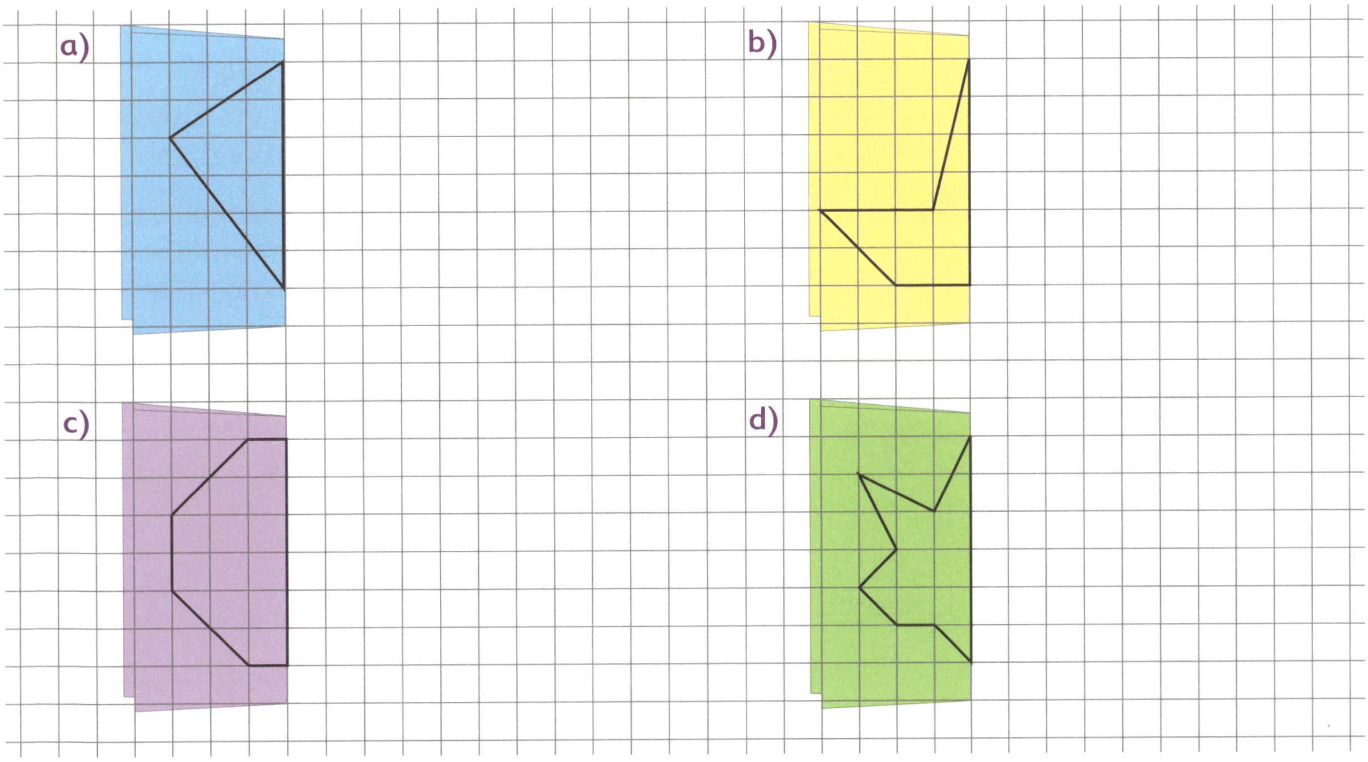

(2) Welche Faltung zeigt sofort, ob die Figur ein Quadrat oder ein Rechteck ist?
Kreuze an.

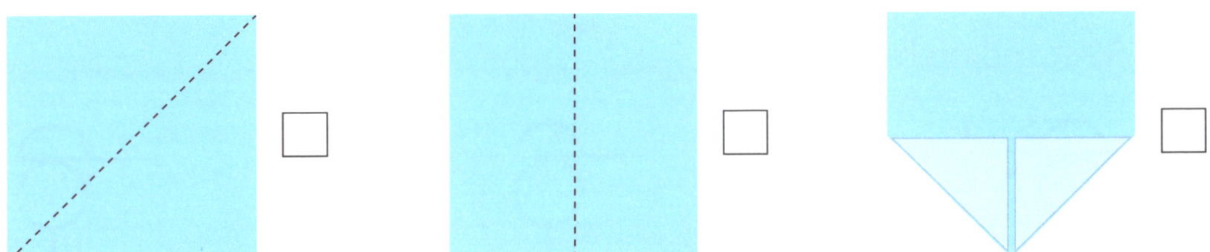

(3) Falte einen quadratischen Notizzettel

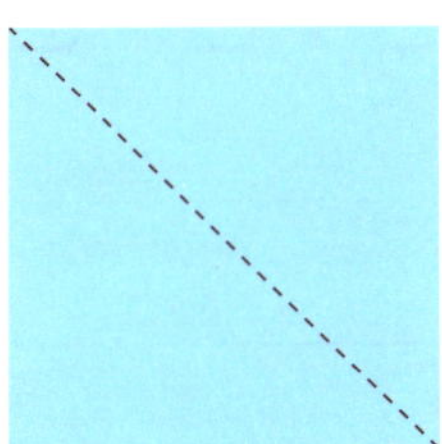

zum Kopftuch, weiter zum Quadrat.

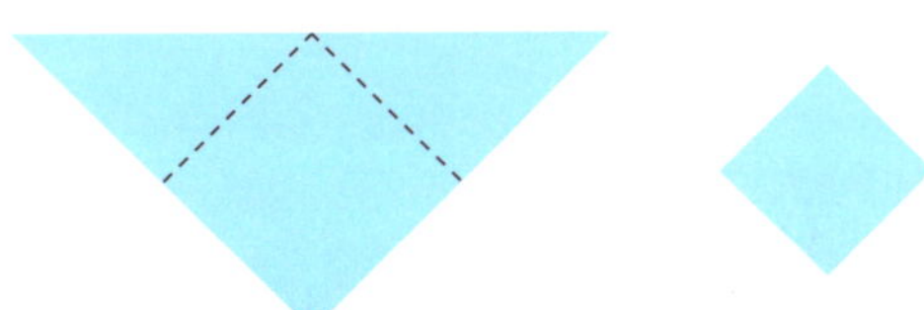

Schneide mit einem geraden Schnitt eine Ecke ab und falte das Papier wieder auf.

Gibt es eine Lösung oder verschiedene Möglichkeiten? Welches Bild ist möglich?

Auf Karopapier spiegeln

Was ist im Spiegelbild gleich, was ist anders?

Eigenschaften

➜ Formen bleiben gleich.
Quadrate werden als Quadrate, Kreise als Kreise abgebildet.

➜ Längen/Abstände bleiben gleich, z.B. Körpergröße, Armlänge, Entfernung Hand – Körper.

➜ Das Bild ist spiegelverkehrt.
Rechts/links erscheinen vertauscht.

① Immer genau ein Fehler. Kreise ein. Notiere.

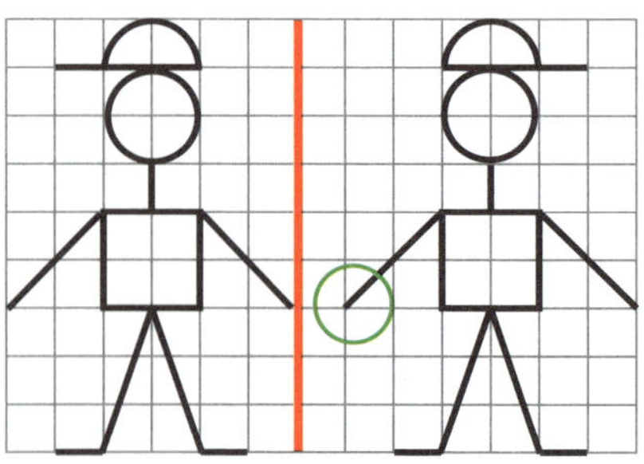

Abstand nicht gleich

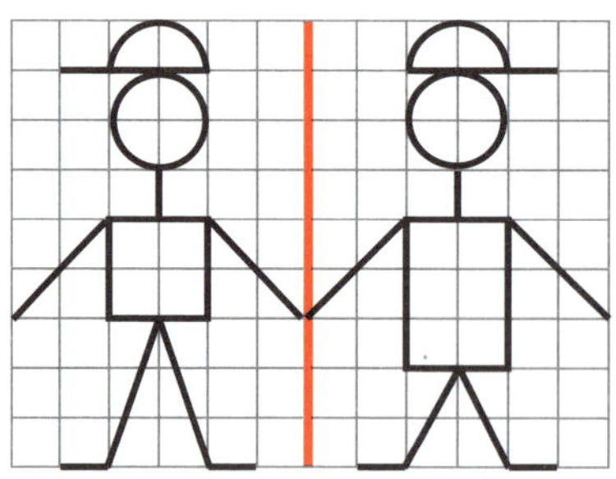

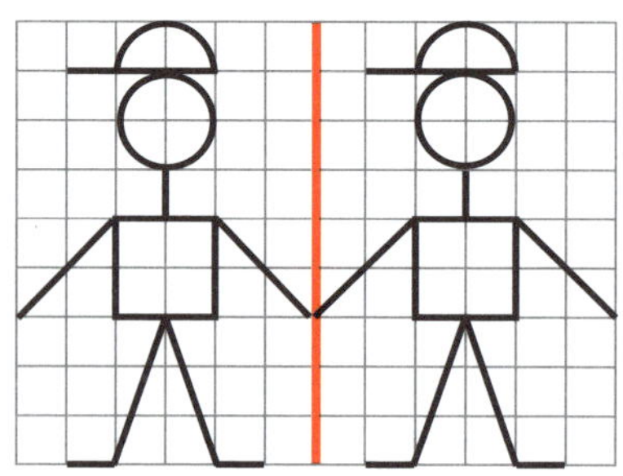

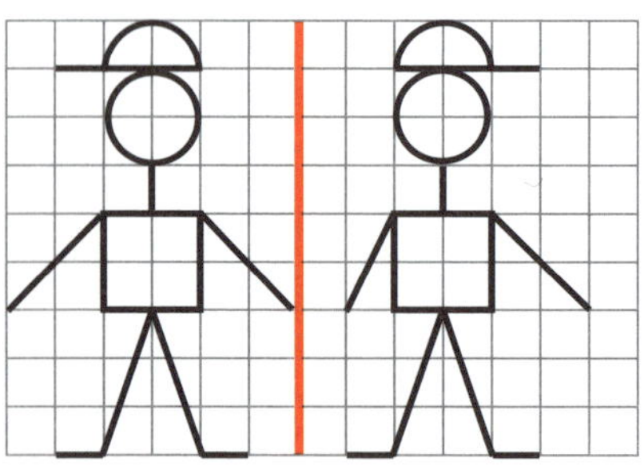

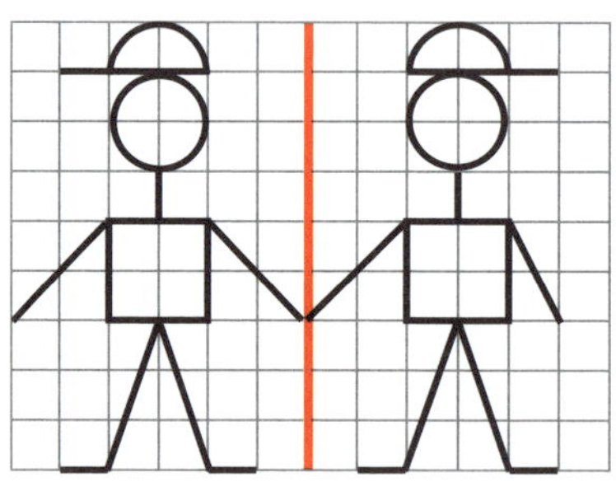

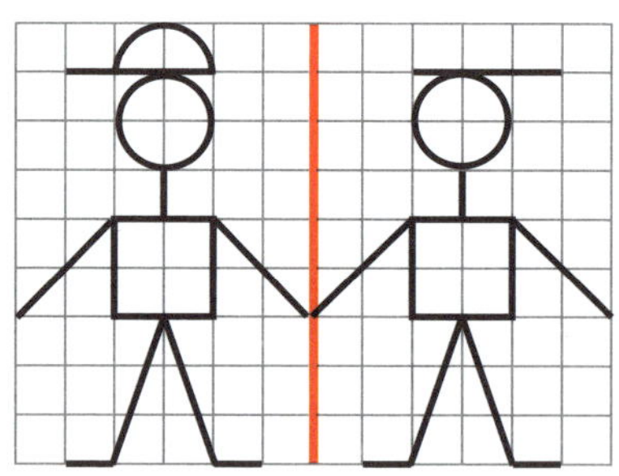

② Zeichne das Spiegelbild.

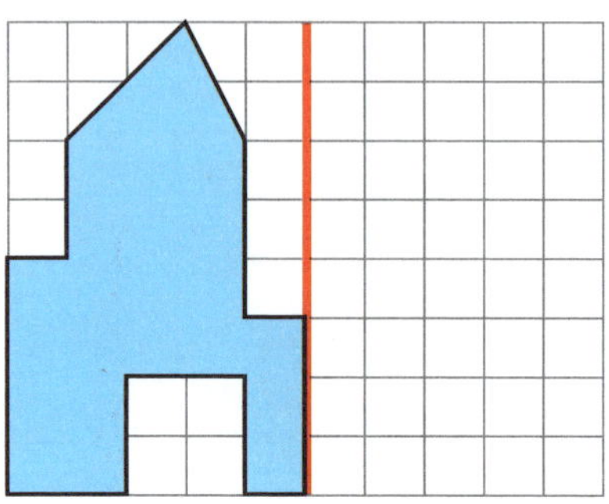

③ Zeichne das korrekte Spiegelbild. Wie viele Punkte musst du verlegen?

______

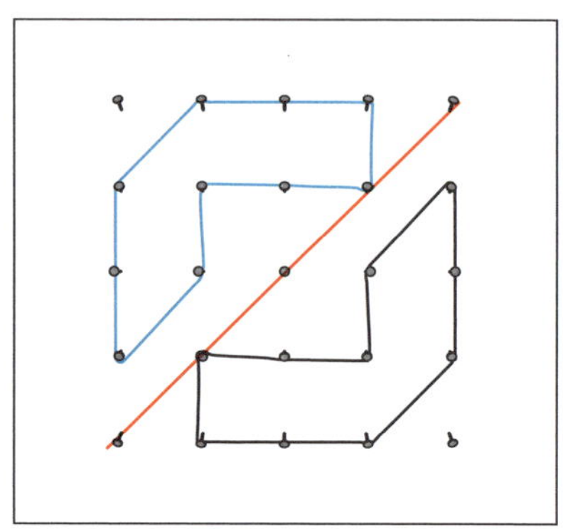

SB ▸ 66/67 E ▸ 33 A ▸ 33

① Vergleiche.

schwerer als | gleich schwer | leichter als

 ________________ 

 ________________ 

 ________________ 

 ________________ 

② Was kann jeweils auf der Waage liegen? Schreibe Zettel.

③ Wie schwer?

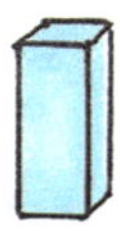 = ______

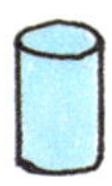 = 8 kg

 = ______

Gewicht – kg, g

① In den Spielregeln für die Ballspiele sind Größe und Gewicht der Bälle festgelegt.

Trage alle Ballarten nach ihrem Gewicht geordnet ein.
Die Tabelle beginnt mit dem leichtesten Ball.

Tischtennisball
2,7 g

Handball
290–330 g

Schlagball
70–85 g

Volleyball
260–280 g

Fußball
350–390 g

Wasserball
400–450 g

Basketball
600–650 g

Golfball
< 46 g

Tennisball
56,7–58,7 g

Medizinball
max. 10 kg

Ballart	Gewicht in Gramm (ungefähr)
Tischtennisball	3 g

② Wahr w oder falsch f ? Markiere.

- Ein Tennisball wiegt knapp 60 g. ☐
- Ein Fußball ist ungefähr 6 mal so schwer wie ein Tennisball. ☐
- Ein Wasserball ist leichter als ein Fußball. ☐
- Ein Basketball ist fast doppelt so schwer wie ein Fußball. ☐
- Ein Volleyball ist etwa 50 g leichter als ein Handball. ☐
- Ein Golfball wiegt ungefähr 15 g weniger als ein Tennisball. ☐
- Ein Schlagball ist leichter als ein Tennisball. ☐
- Der größte und schwerste Medizinball wiegt 10 kg. ☐
- Ein Handball ist leichter als ein Fußball. ☐

③

bis 50 g	50 g bis 100 g	100 g bis 500 g	$\frac{1}{2}$ kg bis 1 kg

Die meisten Bälle sind schwerer als __________ und wiegen nicht mehr als __________ .

① Färbe in den Würfelnetzen die Flächen so ein, dass der abgebildete Würfel daraus gebaut werden könnte. Gegenüberliegende Flächen haben die gleiche Farbe.

a)

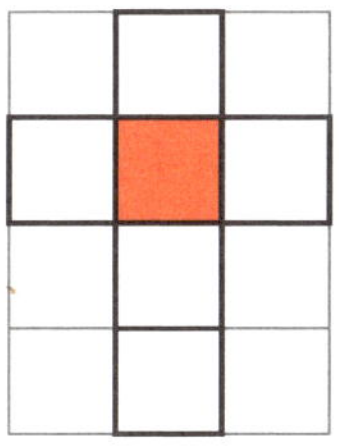

b)

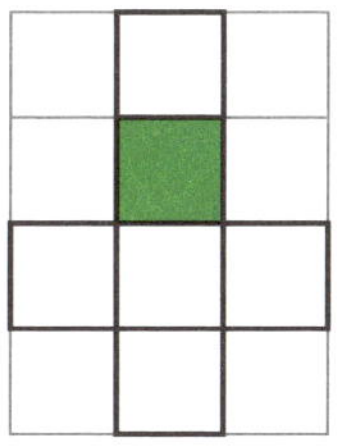

c)

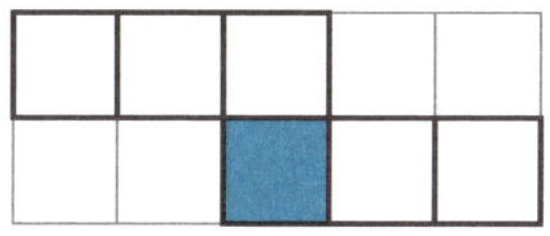

② Vergleiche die Quadernetze.
Zeichne ein eigenes Quadernetz.
Du kannst eine ganz neue Anordnung wählen oder nur die Lage von Grund- und Deckfläche verändern.

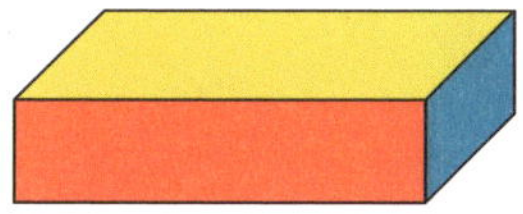

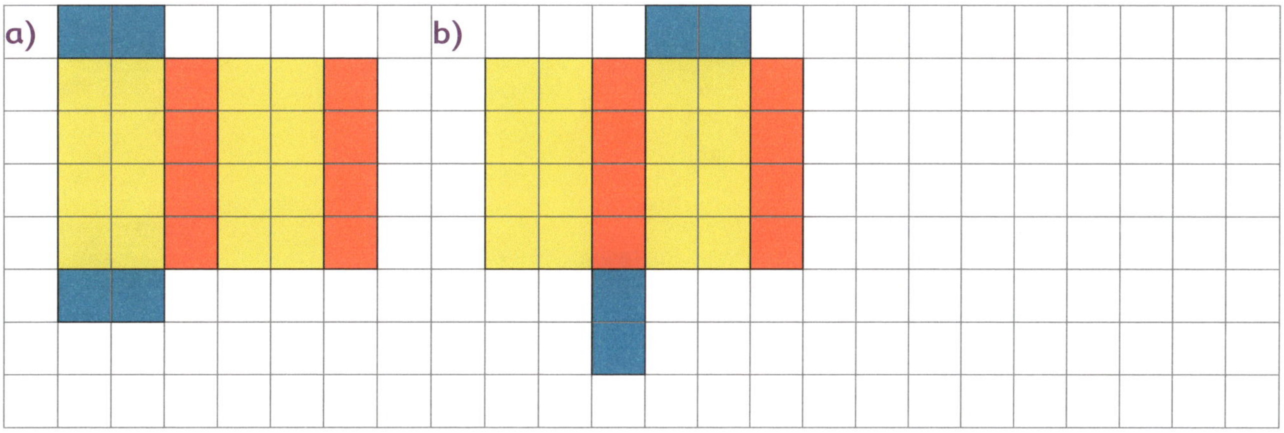

③ Fülle den Lückentext. Benutze die Textbausteine.

6 Rechtecke | nebeneinander | gleich groß | dieselbe

Zum Netz des Quaders gehören ____________________ .

Die einander gegenüberliegenden Rechtecke sind

____________________ und haben ____________________ Farbe.

④ Richtig r oder falsch f? Kreuze an.

	r	f
An einem Quader kommen 6 verschiedene Rechtecke vor.	☐	☐
Die gegenüberliegenden Flächen müssen beim Quader gleich groß sein.	☐	☐
An einem Quader kommen höchstens drei verschiedene Rechtecke vor.	☐	☐
Mindestens 4 der Kanten müssen gleich lang sein.	☐	☐
Der Würfel ist ein besonderer Quader.	☐	☐

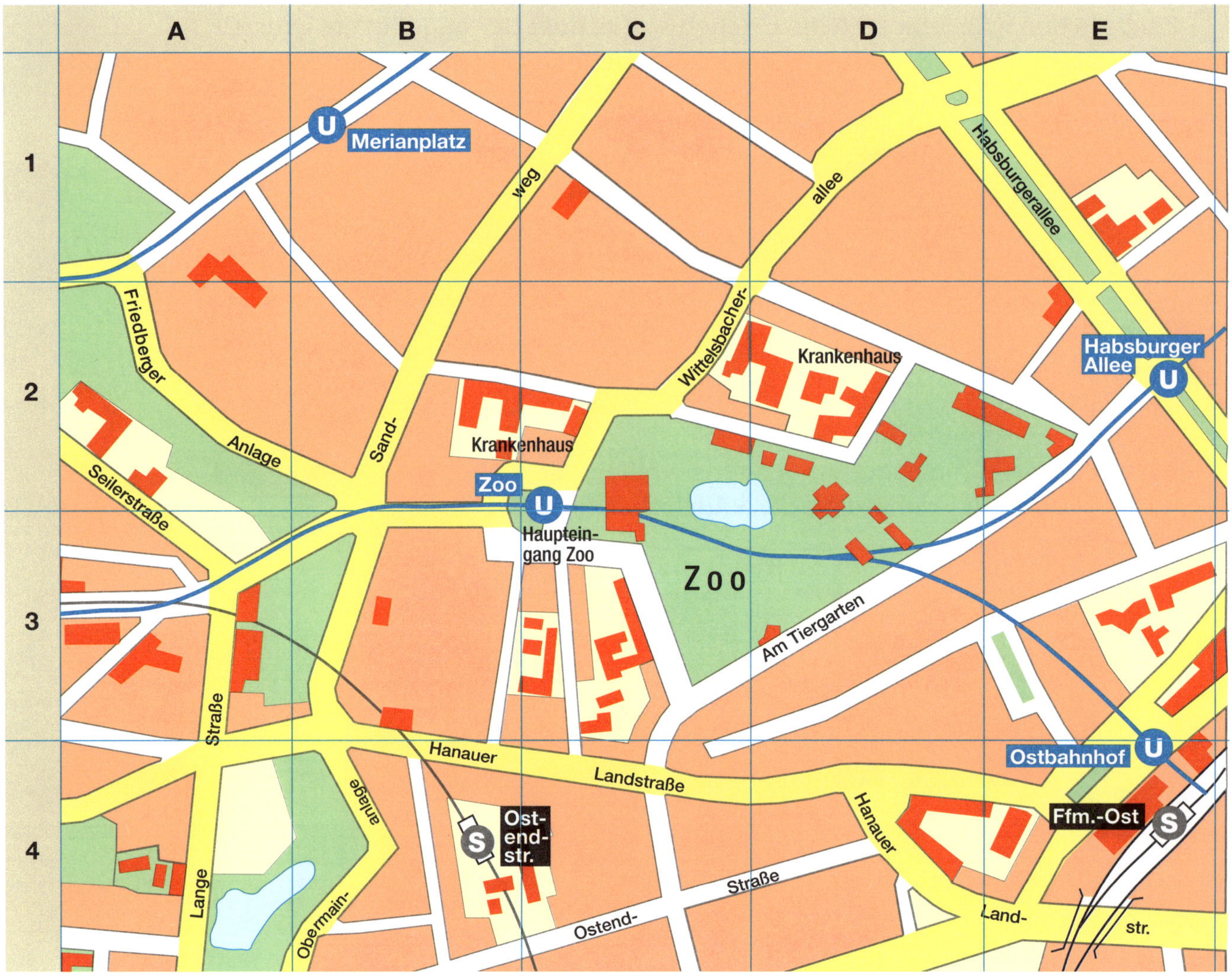

① Was ist wo? Verbinde.

4 E | 1 B | 2 D | 2 E | 4 C | 3 C

Merianplatz | U Habsburgerallee | Haupteingang Zoo

U Ostbahnhof | Krankenhaus | S Ostendstraße

② Aus welchem Planquadrat? Notiere wie im Beispiel.

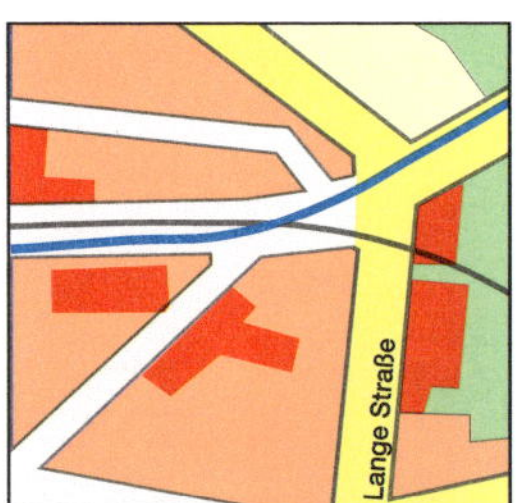

3 A

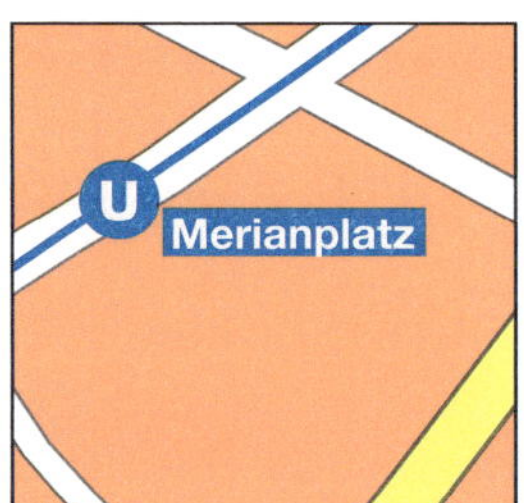

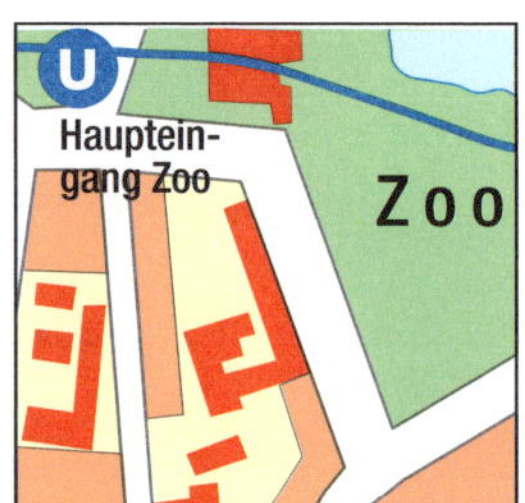

Würfelgebäude

(1) Suche für jedes Gebäude den passenden Bauplan.

A

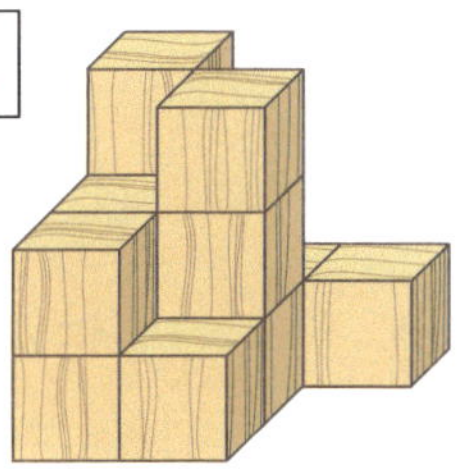

B

C

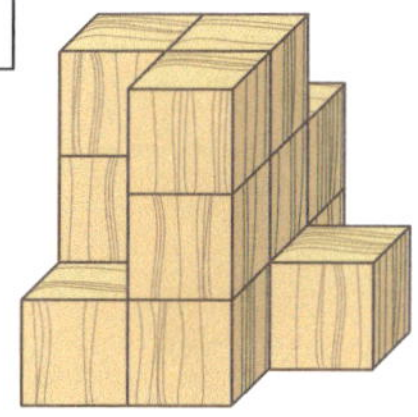

D

	1	1
3	2	3
1	3	

3	1	1
1	2	1
2	3	2

3	1	1
2	3	
2	1	

1	2	
3	3	1
1	3	

(2) Zählen und auffüllen. Ergänze zum kleinstmöglichen Quader.
Wie viele Würfel fehlen? Trage ein. Benutze den Bauplan.

a)

1			
1	1	2	1
	1	1	

___ Würfel fehlen

b)

3	2	2	1
2	1	1	3
1	1	1	1

___ Würfel fehlen

c)

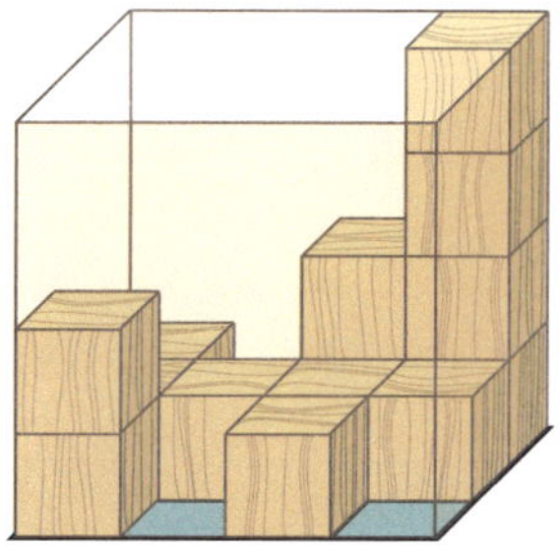

1		2	4
1	1	1	1
2		1	

___ Würfel fehlen

(3) Wer hat welchen Plan geschrieben? Trage die Namen ein.

3	2		2
3	1	3	1
3	3	3	2
1	3	2	3

____

2	3	2	3
	1	3	2
2	3	3	3
3	1	3	1

____

1	3	1	3
3	3	3	2
2	3	1	
3	2	3	2

____

3	2	3	1
2	3	3	3
3	1	3	1
2		2	3

____

Mit Somateilen bauen

① Baue aus zwei Somateilen nach. Färbe jeweils den zweiten Baustein richtig ein.

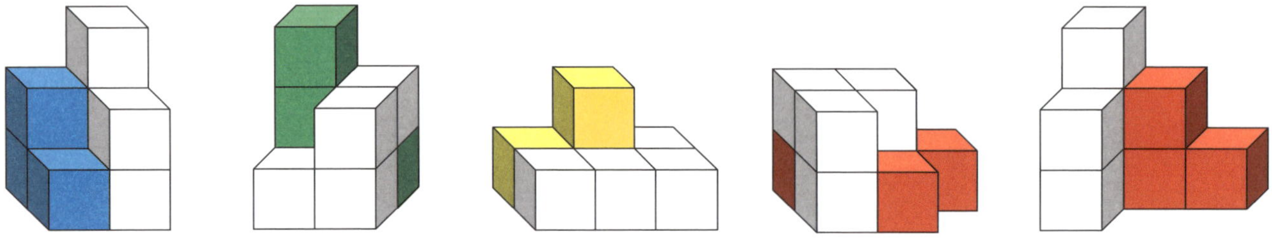

② Baue nach Bauplan. Benutze die Teile in den angegebenen Farben.

	3	3
	1	1

1	2	2
	2	1

3	2	
	2	1

③ Notiere ähnliche Aufgaben für deinen Partner.

④ In Schritten entsteht hier ein Somawürfel. Färbe in jeder Zeichnung das Somateil ein, das neu hinzugekommen ist, und schreibe den Namen auf.

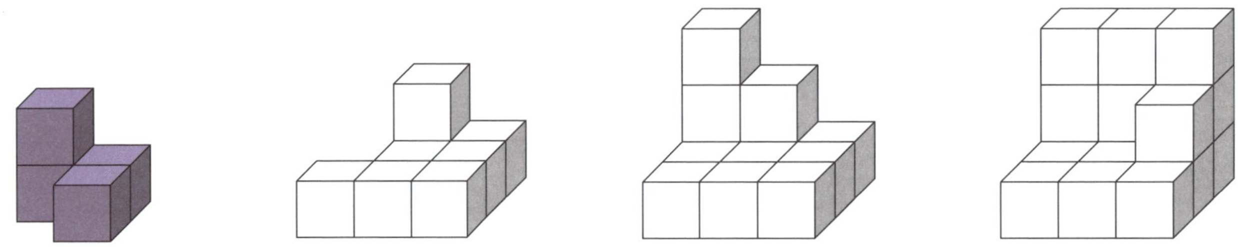

linke Hand plus ______________ plus ______________ plus ______________

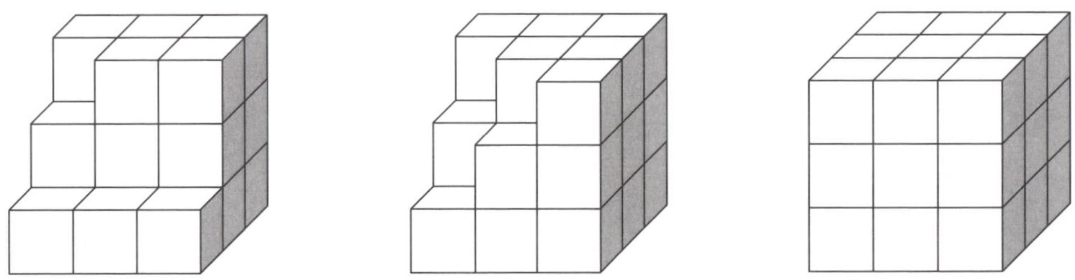

plus ______________ plus ______________ plus ______________

① Vergleiche das Fassungsvermögen.

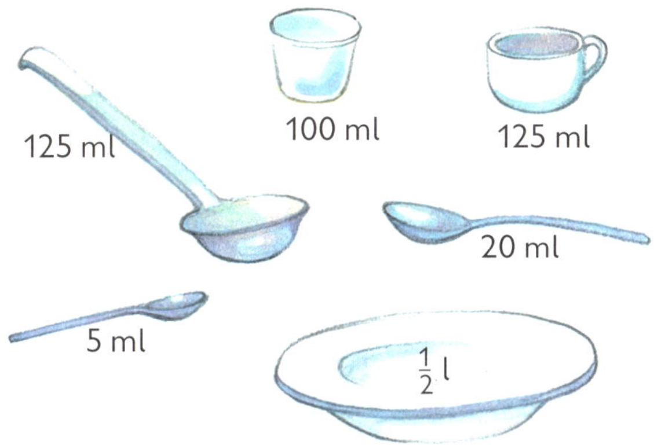

1 Liter = 1000 Milliliter
1 l = 1000 ml
$\frac{1}{2}$ l = 0,5 l = 500 ml

1 Esslöffel fasst so viel wie _____ Teelöffel.

5 Esslöffel füllen 1 ________________.

Zum Füllen einer Tasse brauche ich mehr als _____ Esslöffel.

Die Suppenkelle fasst genauso viel wie ________________________.

Diesen Teller füllen ____________________.

Die Teller der Kinder werden nur zur Hälfte gefüllt.

Wie viele Esslöffel sind das ? _____

② Fülle die Tabelle aus.

	1 l	= 1000 ml
		= 2000 ml
$\frac{1}{2}$ l	= 0,5 l	=
	= 0,25 l	=
$\frac{1}{8}$ l	= 0,125 l	=
	= 1,5 l	=

③ Lassen sich alle Gläser mit 1 l Saft vollständig füllen?

a) 

b) 

____

③ Wie viel Saft wird benötigt? Alle Gläser werden gefüllt.

		ml	l
a)			
b)			
c)			

SB ▸ 80/81 E ▸ 40 A ▸ 40

Vergrößern, verkleinern

① Vergrößere mit Hilfe des Karorasters im Maßstab 1 : 2.

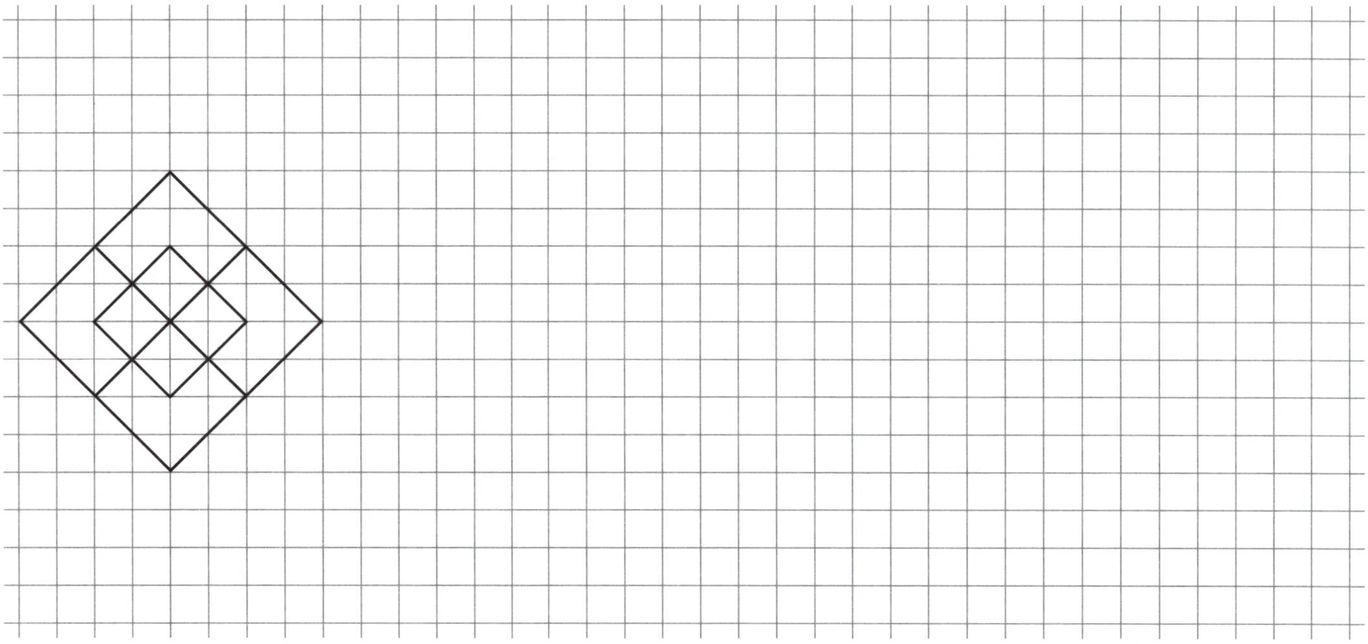

② Verkleinere mit Hilfe des Karorasters im Maßstab 2 : 1.

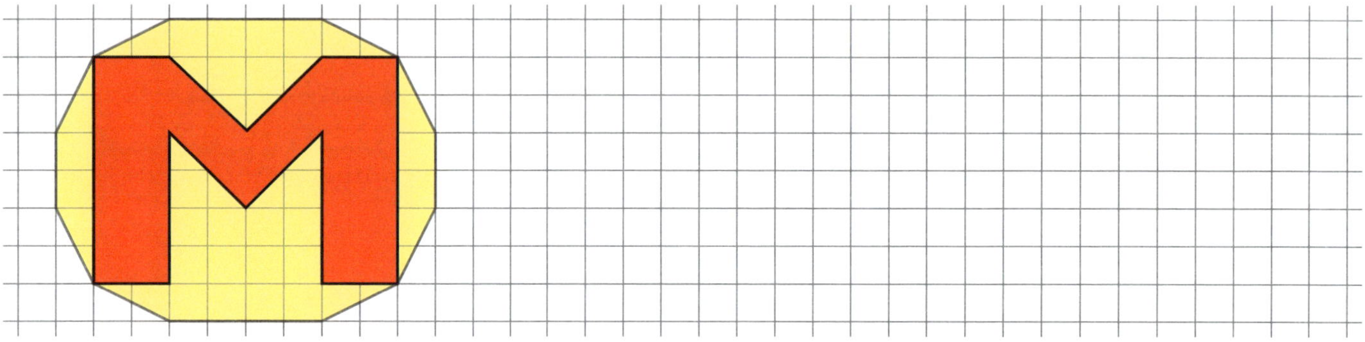

③ Wie groß in der Wirklichkeit? Versuche jeweils einen Zettel zuzuordnen.

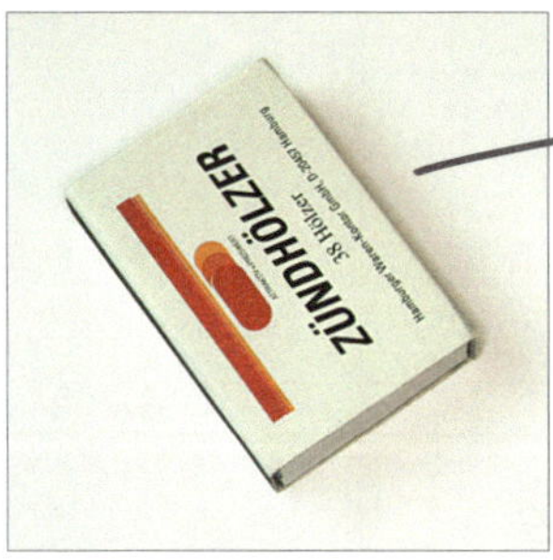

In Wirklichkeit größer
Maßstab 1 : ____

In Wirklichkeit ______________
Maßstab 1 : 2

In Wirklichkeit kleiner
Maßstab ____ : 1

In Wirklichkeit größer
Maßstab 1 : 2

(1) Bestimme jeweils die Anzahl. Rechne geschickt. Notiere deinen Lösungsweg.

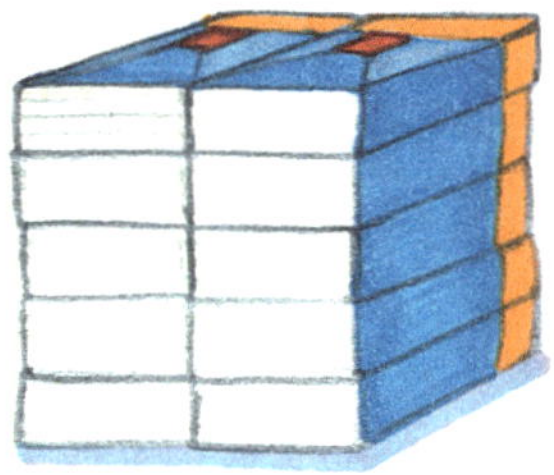

(2) a)

·	4	6	8
3			
5			
7			
9			

b)

·	7		3
6		54	
	21		
8			
			12

c)

·	15	20	25
2			
4			
6			
8			

(3)

Erwachsene	1	2	4	6	8	
Preis	8,50€					

Kinder	1	2	4	6	8	
Preis	7,50€					

a) Frau Simon geht mit ihren 3 Kindern in den Freizeitpark.

b) Die Geschwister Jan und Eva möchten mit ihren Eltern ebenfalls in den Park.

c) Paula geht mit ihren drei Freundinnen in den Park. Paulas Mutter begleitet sie.

(4) Eine Gruppe von Erwachsenen und Kindern hat für den Eintritt in den Freizeitpark insgesamt 64€ bezahlt.

Teiler und Vielfache

① Notiere zu folgenden Zahlen jeweils alle möglichen Divisionen ohne Rest.

a) 32

32	:	1	=	32
32	:	2	=	16
32	:	4	=	
32	:	8	=	
32	:	16	=	
32	:	32	=	

Die Teiler von 32 sind:

____

b) 45

45	:	1	=	
45	:		=	
	:		=	
	:		=	
	:		=	
	:		=	

Die Teiler von 45 sind:

____

c) 28

	:		=	
	:		=	
	:		=	
	:		=	
	:		=	
	:		=	

Die Teiler von 28 sind:

____

② Bestimme jeweils die gemeinsamen Teiler.

a)

Teiler von 21	1							
Teiler von 30	1							
Gemeinsame Teiler	1							

b)

Teiler von 16	1							
Teiler von 35	1							
Gemeinsame Teiler	1							

③ Kreise ein.

a) Vielfache von 6 rot

b) Vielfache von 8 grün

c) Vielfache von 12 blau

d) Was fällt dir auf?

36 100 48 56 80 60 12 88 24 72 46 40 84 18 240 120 96

____

④ Zahlenrätsel

a) Die Zahl ist Teiler von 12 und 15. Sie ist größer als 1. ☐

b) Die Zahl ist Teiler von 24 und 25. ☐

c) Die Zahl ist zugleich Vielfaches von 10 und 6. Sie ist kleiner als 50. ☐

d) Die Zahl ist zugleich Vielfaches von 2 und 3. Sie ist kleiner als 10. ☐

e) Die Zahl ist zugleich Vielfaches von 7 und 3. Sie ist kleinerals 30. ☐

① a)

6 · 5 € = ____ €

b)

6 · 50 € = ____ €

② Rechne.

a) 3 · 5 = ____
3 · 50 = ____

b) 6 · 4 = ____
6 · 40 = ____

c) 4 · 4 = ____
4 · 40 = ____

d) 7 · 6 = ____
7 · 60 = ____

e) 5 · 7 = ____
5 · 70 = ____

f) 8 · 3 = ____
8 · 30 = ____

g) 9 · 6 = ____
9 · 60 = ____

h) 6 · 8 = ____
6 · 80 = ____

③ Setze ein.

a) __ · 7 = 42
__ · 70 = 420

b) __ · 7 = 56
__ · 70 = 560

c) __ · 3 = 27
__ · 30 = 270

d) __ · 4 = 24
__ · 40 = 240

e) __ · 4 = 12
__ · 40 = 120

f) __ · 5 = 25
__ · 50 = 250

g) __ · 6 = 54
__ · 60 = 540

h) __ · 9 = 81
__ · 90 = ____

④ a)

·	2	20	40	80
7				
8				
9				

b)

·	5	50	100
4			
6			
10			

c)

·	3	30	60	90
5				
7				
9				

⑤ Setze fort.

40	80	120							400
70		210						630	
90							720		

⑥ Schreibe passende Aufgaben.

a) 360 = ____ · ____
450 = ____ · ____
280 = ____ · ____

b) 560 = ____ · ____
270 = ____ · ____
490 = ____ · ____

c) 400 = ____ · ____
640 = ____ · ____
420 = ____ · ____

Halbschriftliches Multiplizieren

① So geht es immer: erst Zehner, dann Einer.

a) 7 · 48 =
7 · 40 = 280
7 · 8 = 56

b) 4 · 37 =
 · =
 · =

c) 5 · 178 =
 · =
 · =
 · =

148 336 678 890

② Die Nachbaraufgabe ist leichter. Rechne sie zuerst.

a) 6 · 19 =
6 · 20 = 120
120 – 6 =

b) 9 · 29 =
 · =
 – =

c) 4 · 39 =
 · =
 – =

114 156 237 261

③ Rechne geschickt.

a)	b)	c)	d)
4 · 89 = ____	6 · 75 = ____	4 · 212 = ____	4 · 125 = ____
8 · 36 = ____	3 · 59 = ____	6 · 99 = ____	8 · 106 = ____
7 · 11 = ____	9 · 38 = ____	3 · 231 = ____	2 · 399 = ____
5 · 27 = ____	4 · 25 = ____	7 · 110 = ____	4 · 204 = ____

77 100 135 177 288 342 356 450 500 594 693 770 789 798 816 848 848

④ Wie geht es weiter?

a)	b)	c)	d)
4 · 46 = ____	3 · 69 = ____	9 · 76 = ____	2 · 234 = ____
4 · 47 = ____	4 · 69 = ____	8 · 77 = ____	2 · 236 = ____
4 · 48 = ____	5 · 69 = ____	7 · 78 = ____	2 · 238 = ____
4 · ___ = ____	6 · ___ = ____	6 · ___ = ____	___ · ___ = ____
___ · ___ = ____	___ · ___ = ____	___ · ___ = ____	___ · ___ = ____
___ · ___ = ____	___ · ___ = ____	___ · ___ = ____	___ · ___ = ____

⑤ Herr Berger war auf dem Großmarkt und hat für seinen Marktstand eingekauft.

Notiere jeweils die passende Malaufgabe und rechne aus.

a) 4 Kisten mit je 56 Äpfeln

____

b) 6 Kisten mit je 48 Pfirsichen

____

c) 7 Kisten mit je 35 Nektarinen

____

d) 12 Säcke mit je 20 kg Kartoffeln

____

SB ▸ 92/93 E ▸ 46 A ▸ 46

① Einen Teil seiner Ernte liefert Bauer Berger an einen Großhändler. Am frühen Morgen stellt er seine Lieferung bereit:

a) 15 Kisten mit jeweils 8 Kopfsalaten

b) 24 Kisten mit jeweils 6 Lollo rosso

c) 18 Kisten mit jeweils 12 Endiviensalaten

d) 21 Kisten mit jeweils 8 Eisbergsalaten

② Für den Großhandel muss der Eisbergsalat in Folie verpackt werden.

a) Herr Berger verbraucht für einen Eisbergsalat jeweils etwa $\frac{1}{2}$ m Folie. Wie viel m Folie werden für die Lieferung an den Großhändler verbraucht?

b) Das Verpacken ist ziemlich aufwändig.
Für 8 Salate benötigt der Bauer etwa 6 Minuten.

③ Einen Teil von Bergers Salaten liefert der Großhändler an ein Restaurant.
Am Abend findet dort eine Feier mit 45 Personen statt.

a) Für das Salatbuffet wird Eisbergsalat vorbereitet. Ein Salatkopf reicht aus für 5 Portionen.

b) Zur Garnierung der Vorspeise benötigt der Koch jeweils etwa 5 g Lollo rosso.

④ An einem Tag werden im Restaurant pro Salatsorte durchschnittlich 4 Salatköpfe verbraucht.

a) Der Küchenchef bestellt für eine Woche beim Großhändler:
Kopfsalat, Eisbergsalat und Lollo rosso.

b) Der Küchenhelfer verdient 7 € pro Stunde.
Sein Arbeitstag hat 9 Stunden.
Er arbeitet an 5 Tagen in der Woche.

Division mit Zehnerzahlen

① 3 Zahlen – 4 Aufgaben

a) 4 360 90

360 : 4 = ___
360 : 90 = ___
4 · 90 = ___
90 · 4 = ___

b) 420 7

420 : 7 = ___
420 : ___ = ___
7 · ___ = ___
___ · ___ = ___

c) 8 90

___ : 8 = ___
___ : 90 = ___
___ · ___ = ___
___ · ___ = ___

d) 270

___ : ___ = ___
___ : ___ = ___
___ · ___ = ___
___ · ___ = ___

Immer zwei fast gleiche Aufgaben

② a) 32 : 4 = ___
320 : 4 = ___

b) 42 : 6 = ___
420 : 6 = ___

c) 54 : 9 = ___
540 : 9 = ___

d) 63 : 7 = ___
630 : 7 = ___

③ a)

:	8	80
480		
640		

b)

:	2	20
140		
180		

c)

:		
280	70	
360		9

d)

:	6	60
	50	
		8

④ Tipp: Schau nach bei Aufgabe 1.

a) 450 : 5 = ___
450 : 50 = ___

b) 480 : 8 = ___
480 : 80 = ___

c) 360 : 9 = ___
360 : 90 = ___

d) 160 : 4 = ___
160 : 40 = ___

⑤ Trage die fehlenden Teiler ein.

a) 640 : ___ = 8
810 : ___ = 9
240 : ___ = 6

b) 400 : ___ = 5
560 : ___ = 8
720 : ___ = 7

c) 120 : ___ = 6
210 : ___ = 7
240 : ___ = 8

d) 270 : ___ = 9
630 : ___ = 9
280 : ___ = 4

⑥ Im Schwimmbad.
Eine Bahn ist 50 m lang.

a) Lena kann schon 200 m ohne Pause schwimmen. Wie viele Bahnen sind das?

b) Marco schafft sogar 450 m.

c) Jan schwimmt 150 m Rücken und dann noch 250 m Brust.

Halbschriftliches Dividieren

① Rechne aus. Mache auch einen Überschlag.

a) 306 : 3 = ____
412 : 4 = ____
642 : 6 = ____

b) 427 : 7 = ____
355 : 5 = ____
279 : 9 = ____

c) 485 : 5 = ____
264 : 4 = ____
192 : 8 = ____

e) 196 : 7 = ____
342 : 9 = ____
512 : 4 = ____

24 28 31 38 61 66 71 88 97 102 103 107 128

② Was fällt dir auf?

a)

:	2	4
224		
448		

b)

:	5	10
760		
890		

c)

:	3	6
294		
306		

d)

:	4	8
376		
424		

____

____

47 49 51 53 56 76 89 94 98 102 106 112 112 113 152 178 224

③ Rechne zuerst die Aufgaben ohne Rest. Löse dann die anderen Aufgaben.
Setze die Aufgabenreihen fort.

a) 200 : 4 = ______
201 : 4 = ______
202 : 4 = ______
203 : 4 = ______
____ : __ = ______
____ : __ = ______
____ : __ = ______

b) 179 : 3 = ______
180 : 3 = ______
181 : 3 = ______
182 : 3 = ______
____ : __ = ______
____ : __ = ______
____ : __ = ______

c) 322 : 6 = ______
324 : 6 = ______
326 : 6 = ______
328 : 6 = ______
____ : __ = ______
____ : __ = ______
____ : __ = ______

d) 438 : 8 = ______
440 : 8 = ______
442 : 8 = ______
444 : 8 = ______
____ : __ = ______
____ : __ = ______
____ : __ = ______

④ Finde Aufgaben und trage sie in die Tabelle ein.
Überprüfe durch Rechnung, wenn du nicht sicher bist.

324 285 630 546

:

2 6 4 3 5

vermutlich ohne Rest	sicher mit Rest

Multiplizieren und dividieren

Rechne aus. Beachte die Regel: Punktrechnung geht vor Strichrechnung!

① a) 8 + 7 · 6 = ___ b) 40 − 8 · 5 = ___ c) 3 + 7 · 8 = ___ d) 14 − 5 · 2 = ___

6 + 4 · 9 = ___ 82 − 7 · 9 = ___ 4 + 5 · 9 = ___ 24 − 3 · 4 = ___

12 + 8 · 3 = ___ 96 − 6 · 8 = ___ 2 + 8 · 8 = ___ 36 − 2 · 8 = ___

25 + 5 · 7 = ___ 77 − 4 · 7 = ___ 3 + 5 · 7 = ___ 45 − 8 · 5 = ___

0 4 5 12 19 20 36 38 39 41 42 48 49 50 59 60 66

② a) 4 · 4 + 8 · 8 = ___ b) 7 · 6 − 3 · 8 = ___ c) 6 · 9 + 3 · 5 = ___

5 · 5 + 3 · 7 = ___ 9 · 8 − 4 · 3 = ___ 8 · 7 − 6 · 4 = ___

6 · 8 + 8 · 9 = ___ 6 · 5 − 4 · 4 = ___ 4 · 5 − 2 · 7 = ___

2 · 7 + 9 · 4 = ___ 7 · 7 − 8 · 2 = ___ 3 · 9 + 3 · 9 = ___

6 14 18 32 33 38 46 50 54 60 69 80 120

③ Kontrolliere und finde die 6 Fehler. Schreibe das richtige Ergebnis neben die Aufgabe.

a)
7 · 4 + 9 = 37 ___
8 · 5 − 3 = 16 ___
6 · 6 + 4 · 4 = 52 ___
8 − 3 · 2 = 10 ___

b)
8 · 3 − 4 · 5 = 4 ___
16 + 4 · 6 = 40 ___
7 · 6 − 5 = 7 ___
8 + 2 · 9 = 90 ___

c)
60 − 5 · 5 = 45 ___
7 · 3 + 4 · 8 = 53 ___
9 · 9 − 7 = 18 ___
24 + 6 · 9 = 78 ___

④ Welche Packung ist verhältnismäßig teuer? Kreuze an!

a)

b)

c)

d)

⑤ a) Jan kauft für seinen Geburtstag 6 kleine Tafeln Schokolade.

b) Nele soll 4 Packungen Orangensaft und eine kleine Packung Frischkäse kaufen.

c) Frau Merz kauft 3 große Packungen Frischkäse und 2 kleine Flaschen Ketschup.

① Wie hoch sind die Kosten für Fahrt, Unterkunft und Verpflegung pro Kind bei drei Tagen Aufenthalt? Vergleiche die Angebote.

Bahn	pro Kind	9,00 €
	pro Lehrerin	24,40 €
Bus	60 Kinder	
	2 Lehrerinnen	760,00 €

Tagessätze pro Person und Tag (inkl. Übernachtung und 3 Mahlzeiten)		
	Hauptsaison März bis Okt.	Nebensaison Nov. bis Feb.
bei 4 Tagen	23,00 €	22,00 €
bei 3 Tagen	24,00 €	23,00 €
bei 1–2 Tagen	25,00 €	24,00 €
Bettwäsche 5,50 €		

② Im Freilichtmuseum Kommern kann man sehen und erleben, wie die Menschen früher gelebt und gearbeitet haben. Die alten Häuser, Scheunen und Handwerksbetriebe wurden hierhergebracht und originalgetreu aufgebaut. Es gibt auch ein kleines Geschäft und eine Schule.

Die Greifvogelstation in Hellenthal beherbergt viele verschiedene Greifvogel- und Eulenarten, vom Sperlingskauz, so groß wie eine Faust, bis zum Andenkondor mit drei Metern Flügelspannweite. Mehrmals am Tag findet eine Flugschau statt, bei der man die großartigen Vögel aus nächster Nähe erleben kann.

a) Vergleiche Fahrstrecken und Fahrzeiten nach Kommern und nach Hellenthal.

b) Vergleiche die Kosten bei 30 Kindern pro Klasse für Busfahrt und Eintritt.

c) Wie hoch sind die Kosten pro Klasse für die beiden Ausflüge?

Strecke 17 km
Fahrzeit 17 min

Buskosten für 62 Personen:
240,00 €

Eintrittspreise
Gruppen ab 10 Personen
Erwachsene und Kinder 2,50 €

Strecke 24 km
Fahrzeit 23 min

Buskosten für 62 Personen:
270,00 €

Gruppenpreise ab 15 Personen

Erwachsene	6,00 €
Schüler, Studenten	5,50 €
Kinder 4 bis 6 Jahre	4,00 €

Der Ausflug zum Freilichtmuseum kostet pro Klasse ______________________.

Der Ausflug zur Greifvogelstation kostet pro Klasse ______________________.

① Entdeckungen am Hunderterfeld

a) Stelle einen solchen Rahmen her. Das Fenster ist ein Quadrat von 3 cm Seitenlänge. Lege den Rahmen auf die Hundertertafel und bilde die Summe der Zahlen, die du im Fenster siehst.

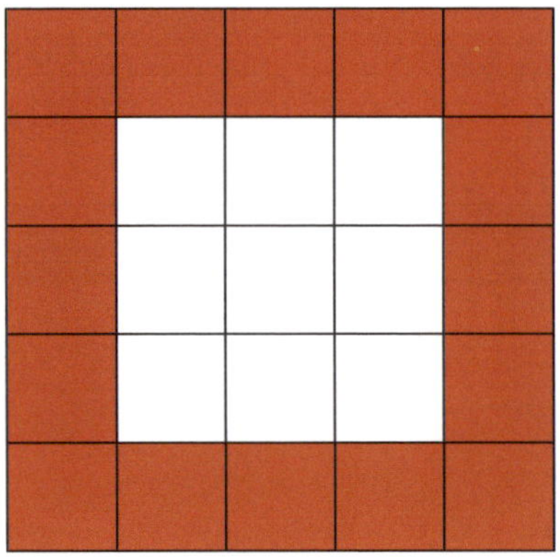

1	2	3	4	5	6	7	8	9	10
11	12	13	14	15	16	17	18	19	20
21	22	23	24	25	26	27	28	29	30
31	32	33	34	35	36	37	38	39	40
41	42	43	44	45	46	47	48	49	50
51	52	53	54	55	56	57	58	59	60
61	62	63	64	65	66	67	68	69	70
71	72	73	74	75	76	77	78	79	80
81	82	83	84	85	86	87	88	89	90
91	92	93	94	95	96	97	98	99	100

24 + 25 + ... + 45 + 36 = 315

Probe: 9 · 35 = 315

b) Rechne viele Aufgaben.
Suche nach einem geschickten Rechenweg. Rechne zu jeder Aufgabe die Probe.

c) Fällt dir etwas auf? Beschreibe, begründe.

① Wie viele Kartoffelsäcke dürfen höchstens aufgeladen werden?

$\_\_ \cdot 50\,kg < 720\,kg$

② Welche Zahlen passen? Notiere jeweils die größtmögliche Zahl.

a) ____ · 60 < 330	b) ____ · 40 < 220	c) ____ · 90 < 850	d) ____ · 70 < 450
____ · 70 < 330	____ · 40 < 250	____ · 80 < 750	____ · 70 < 510
____ · 80 < 330	____ · 40 < 300	____ · 70 < 650	____ · 70 < 620

③ Setze ein: <, > oder =.

a) 6 · 40 ◯ 250	b) 5 · 90 ◯ 450	c) 320 : 8 ◯ 50	d) 480 : 2 ◯ 250
7 · 40 ◯ 250	6 · 90 ◯ 500	320 : 4 ◯ 80	480 : 20 ◯ 25
8 · 40 ◯ 350	7 · 90 ◯ 650	360 : 6 ◯ 70	480 : 80 ◯ 10
9 · 40 ◯ 350	8 · 90 ◯ 700	360 : 9 ◯ 40	480 : 12 ◯ 40

④ 1 h = 60 min

a) 50 min ◯ 1 h	b) 2 h ◯ 111 min	c) $\frac{1}{2}$ h ◯ 20 min
75 min ◯ 1 h	3 h ◯ 180 min	$\frac{1}{2}$ h ◯ 30 min
120 min ◯ 2 h	6 h ◯ 400 min	$\frac{1}{2}$ h ◯ 40 min
150 min ◯ 2 h	5 h ◯ 300 min	$1\frac{1}{2}$ h ◯ 80 min

⑤ Notiere die passende Ungleichung.

a) Lisa hat 6 €. Sie möchte möglichst viele Rosen kaufen.

____

b) Noah soll für 10 € möglichst viele Rosen besorgen.

____

Zufall und Wahrscheinlichkeit beim Würfeln

① Würfle mit zwei Würfeln. Bilde die Summe der Würfelpunkte.
Probiere aus, wie oft das Würfelergebnis eintritt,
das auf dem Kärtchen beschrieben ist.
Führe jeweils 20 Versuche durch. Notiere als Strichliste.

a) Summe kleiner als 10

ja	
nein	

b) Summe gerade

ja	
nein	

c) Summe 6 oder 8

ja	
nein	

d) Summe größer als 5

ja	
nein	

② Wer zuerst 10 Punkte hat, gewinnt.

Alex und Noah machen mit den Kärtchen aus Aufgabe 1 ein Spiel.
Jeder sucht sich ein Kärtchen aus.
Gewürfelt wird wieder mit zwei Würfeln.
Wird das Ergebnis des gewählten Kärtchens erzielt, so erhält der Spieler einen Punkt.

Gib Alex einen Tipp.

____

Begründe.

____

____

③ Welche Würfelergebnisse sind beim Würfeln möglich?
Fülle die Tabelle aus. Was fällt dir auf? Beschreibe.

+	1	2	3	4	5	6
1						
2						
3						
4						
5						
6						

Das Ergebnis 12 kommt beim Würfeln nur sehr selten vor, weil

____

____

____

____

____

____

① Lea möchte an ihrem Geburtstag mit ihren 6 Gästen ein Federballturnier veranstalten. Sie überlegt, wie viele einzelne Spiele erforderlich sind, bis jeder mit jedem einmal gespielt hat.

Fülle die Tabelle aus.
Ein Kreuz steht für ein Spiel.

	1	2	3	4	5	6	7
1		X	X	X	X	X	X
2							
3							
4							
5							
6							
7							

Notiere die passende Additionsaufgabe: 6 + ___ + ___ + ___ + ___ + ___ = ____ Spiele

② Wie lautet die entsprechende Aufgabe, wenn 8 Kinder an dem Turnier beteiligt sind?

Notiere. ______________________________

Was fällt dir auf?

____

____

____

③ Färbe zu jeder Regel einen Kreisel passend ein.

a) Die Chancen für Rot und Grün sind gleich.

b) Die Chancen für Blau sind größer als für Gelb und Rot.

c) Grün kommt auf keinen Fall.

d) Die Chancen für Blau sind sehr gering, für Rot und Gelb jedoch gleich.

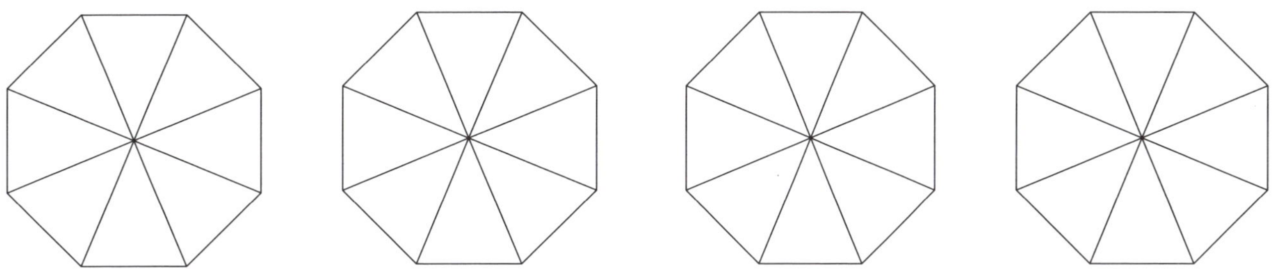

① In einer Kiste sind 21 Bälle in den Farben Rot, Gelb und Blau.
Die Anzahl der blauen Bälle ist 6-mal so groß wie die der roten.
Wie viele gelbe Bälle sind in der Kiste?

Notiere deinen Lösungsweg.

____

② Mit den beiden Krügen sollen die vorgegebenen Wassermengen erzeugt werden.
Fülle die Tabelle aus.

Liter	10 l	9 l	8 l	7 l	6 l
Gefäß	3 l, 3 l, 2 l, 2 l	3 l, 3 l, 3 l			

Liter	5 l	4 l	3 l	2 l	1 l

③ Setze fort. Notiere jeweils die Regel für die Zahlenfolgen.

a)

211	322	433						

Regel: ______________________________

b)

3	9	7	21	19				

Regel: ______________________________

c)

1024	512	256							

Regel: ______________________________

Meine Zahlenfolge

d)

Regel: ______________________________

Das kann ich jetzt – Addition und Subtraktion

Rechne aus. Überlege vorher: im Kopf oder schriftlich?

① a) 429 + 340 = ____ b) 345 + 182 = ____ c) 277 + 598 = ____ d) 222 + 666 = ____

e) 175 + ____ = 1000 f) 386 + 437 = ____ g) 670 + 330 = ____ h) 299 + ____ = 1000

② a) 850 – 530 = ____ b) 724 – 367 = ____ c) 888 – 246 = ____ d) 1000 – 997 = ____

e) 645 – 376 = ____ f) 821 – 493 = ____ g) 995 – 450 = ____ h) 702 – 399 = ____

③ Zahlenmauern

a)

280	150	255

b)

199	201	203

c)

	725	
126	127	

d)

651		
538		190

④ Notiere die passende Aufgabe und rechne aus.

a) Bilde die Summe aus 478 und 253.

b) Bilde die Differenz aus 478 und 253.

c) Subtrahiere 199 von 500.

d) Addiere 639 und 179.

Das kann ich jetzt – Multiplikation und Division

① Zehnerzahlen multiplizieren – rechnen oder auswendig wissen

a)	b)	c)	d)
4 · 60 = ___	6 · 90 = ___	5 · 90 = ___	3 · 30 = ___
4 · 70 = ___	7 · 80 = ___	6 · 80 = ___	5 · 50 = ___
4 · 80 = ___	8 · 70 = ___	7 · 70 = ___	7 · 70 = ___
4 · 90 = ___	9 · 60 = ___	8 · 60 = ___	9 · 90 = ___

② Durch Zehnerzahlen dividieren. Vervollständige die Päckchen.

a)	b)	c)	d)
350 : 70 = ___	120 : 40 = ___	240 : 60 = ___	540 : 60 = ___
420 : 70 = ___	200 : 40 = ___	280 : 70 = ___	630 : 70 = ___
___ : 70 = ___	280 : 40 = ___	320 : ___ = ___	720 : ___ = ___
___ : ___ = ___	___ : ___ = ___	___ : 90 = ___	___ : 90 = ___

Beschreibe das Muster.

___

③ Hin und her rechnen.

a)	b)	c)	d)
6 · ___ = 540	300 = 5 · ___	180 : ___ = 3	7 = 560 : ___
3 · ___ = 270	490 = 7 · ___	___ : 90 = 8	3 = ___ : 90
7 · ___ = 350	480 = 6 · ___	640 : ___ = 8	9 = ___ : 60
9 · ___ = 630	360 = 4 · ___	___ : 70 = 6	5 = 450 : ___

④ Veränderungen nutzen.

a)	b)
2 · 400 = ___	16 · 24 = ___
4 · 100 = ___	8 · 48 = ___
8 · 50 = ___	4 · ___ = ___
10 · 60 = ___	2 · ___ = ___

⑤ a) Wenn du meine Zahl durch 4 dividierst, erhältst du das Doppelte von 25.

b) Meine Zahl ist doppelt so groß wie der Quotient aus 550 und 50.

⑥

① Vervollständige die Figur an der Symmetrieachse. Benutze ein Lineal.

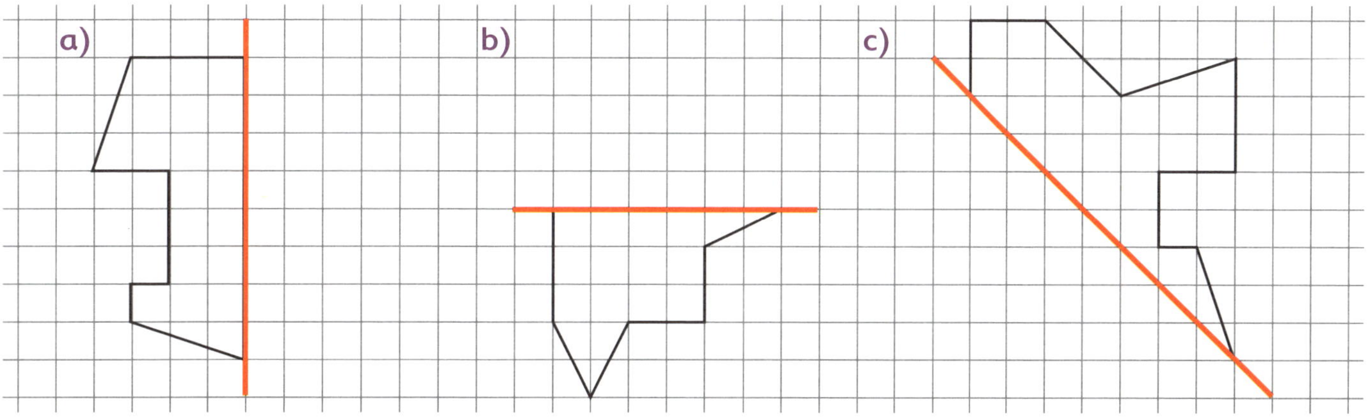

② a) Vergrößere im Maßstab 1:2.

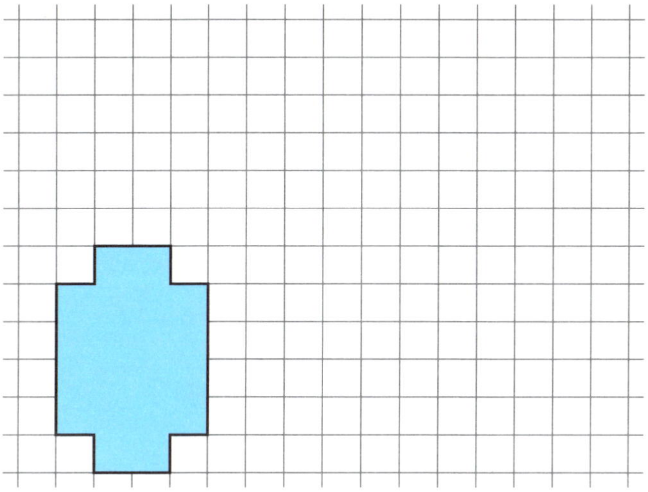

b) Verkleinere im Maßstab 2:1.

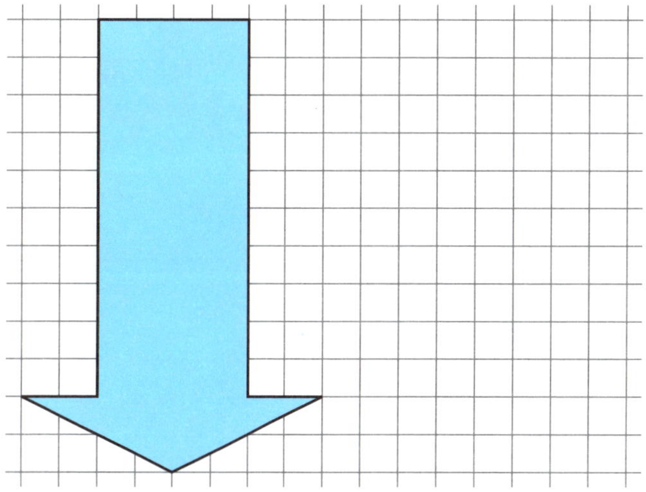

③ Wer sieht was?
Ordne die Baupläne den Kindern zu.

	1	
	1	
2	1	1

____

1	1	2
	1	
	1	

____

		1
1	1	1
		2

____

2		
1	1	1
1		

____

① Gewichte

1 kg	100 g	10 g	1 g
1	0	0	0
	1	0	0
		1	0
			1

1000 g = 1,000 kg
100 g = 0,100 kg
10 g = 0,010 kg
1 g = 0,001 kg

a) Wandle um.

900 g = ______ kg   0,200 kg = ______ g
650 g = ______ kg   0,020 kg = ______ g
605 g = ______ kg   0,002 kg = ______ g
65 g = ______ kg   0,495 kg = ______ g

b) Setze ein:

leichter als <   gleich schwer =   schwerer als >

400 g ◯ 0,040 kg   250 g ◯ 0,040 kg
78 g ◯ 0,8 kg   86 g ◯ 0,8 kg
615 g ◯ 0,615 kg   62 g ◯ 0,615 kg
83 g ◯ 0,83 g   830 g ◯ 0,83 g

② Wandle um.

a) Längen

$\frac{1}{4}$ m = ______ cm $\frac{1}{4}$ km = ______ m
$\frac{1}{2}$ m = ______ cm $\frac{1}{2}$ km = ______ m
$\frac{3}{4}$ m = ______ cm $\frac{3}{4}$ km = ______ m
$3\frac{3}{4}$ m = ______ cm $1\frac{3}{4}$ km = ______ m

b) Volumina

$\frac{1}{4}$ l = ______ ml   1000 ml = ______ l
$\frac{1}{2}$ l = ______ ml   500 ml = ______ l
$\frac{3}{4}$ l = ______ ml   100 ml = ______ l
$1\frac{3}{4}$ l = ______ ml   50 ml = ______ l

③ Zeit

a) Fülle beide Tabellen aus. Vergleiche.

Stunden	$\frac{1}{4}$	$\frac{1}{2}$	$\frac{3}{4}$	1	1,5	2	3	4	5	12
Minuten				60						

Minuten	$\frac{1}{4}$	$\frac{1}{2}$	$\frac{3}{4}$	1	1,5	2	3	4	5	12
Sekunden				60						

b) Wie viel Zeit liegt dazwischen? Vergleiche die beiden möglichen Zeitspannen.

Von ______ bis ______ Uhr ______________.
Von ______ bis ______ Uhr ______________.
Der Unterschied beträgt genau ______________.

① Wer wird Beste(r) beim Schlagballweitwurf?
Jan, Tim, Anna und Lea haben beim Schlagballweitwurf die besten Ergebnisse ihrer Klasse erreicht. Jedes Kind hatte drei Versuche:

Im ersten Versuch haben Anna und Lea gleich weit geworfen, 50 cm mehr als Tim, der genau siebzehn Meter schaffte. Bester im ersten Versuch war Jan. Gegenüber Tim erzielte er einen Vorsprung von 11 m.

Tim erzielte im 2. Versuch mit 31,5 m seine persönliche Bestleistung, genau 10 m mehr als Anna in ihrem 2. Versuch. Lea schaffte im 2. Versuch 2 m weniger als Anna, aber 1 m mehr als Jan.

Im 3. Versuch konnte Lea sich noch einmal um 1 m steigern.
Anna blieb im letzten Versuch 6 m unter ihrer Weite vom 1. Wurf.
Im letzten Versuch erreichte Jan seine größte Weite. Er warf 30,5 m weit, 4 m weiter als Tim.

a) Fülle die Tabelle aus.

	Anna	Lea	Jan	Tim
1. Wurf				
2. Wurf				
3. Wurf				
Summe				

b) Wer erzielte beim ersten Versuch die größte Weite? ____________

c) Wem ist der weiteste Wurf gelungen – bei den Mädchen? ____________
– bei den Jungen? ____________
– von allen? ____________

d) Bilde für jedes Kind die Summe der drei Wurfergebnisse.
Wer wird bei diesem Vergleich Sieger? ____________

② Trage die fehlenden Angaben ein. Schreibe auf, wie du rechnest.

Eva hat für eine Reithose schon 69 € gespart. Ihr fehlen noch ____ €.

Wie teuer ist die Reithose? Die Reithose kostet 84 €.

③ 84 : 6

Welche Geschichte passt zur Rechnung? Unterstreiche.

Tom liest ein Buch mit 84 Seiten in 6 Tagen.

Tom liest ein Buch mit 84 Seiten. Täglich schafft er 14 Seiten.

Tom liest ein Buch mit 84 Seiten. Am ersten Tag liest er 6 Seiten.

Schreibe einen eigenen, passenden Text.

____

Super M
Arbeitsheft
3

Herausgegeben von: Ursula Manten, Gudrun Hütten, Klaus Heinze

Erarbeitet von: Ulrike Braun, Gudrun Hütten, Ursula Manten, Gabi Viseneber

Für Hinweise und beratende Mitwirkung dankt der Verlag: Thomas Bongartz (Viersen), Elke Bonn (Wiesbaden), Dieter Eccarius (Freudenstadt), Christine Fürch (Waiblingen), Achim Gerland (Baunatal), Claudia Jähnke (Apensen), Carola Landmann (Wächtersbach), Kirsten Leimann (Hanau), Annerose Lieder-Beuth (Wipperfürth), Margit Nill-Roth (Neckarsulm), Hans Rademaker (Bremervörde), Reinhard Rommel (Aurich), Susanne Schmidt (Wiesbaden), Frauke Schnor (Buchholz i. d. Nordheide), Simone Simon (Karben), Silke Thiel (Erzhausen), Silke Wolff (Wipperfürth), Ursula Wurster (Bammental)

Redaktion: Jens-Uwe Mertens

Illustrationen: Martina Leykamm, Dorothee Mahnkopf (Super M)

Grafik: Christine Wächter

Layoutkonzept: hawemannundmosch

Layout und technische Umsetzung: Checkplot, Anker & Röhr

Umschlaggestaltung: Ines Schiffel

Bildredaktion: Peter Hartmann

Bildnachweis:
U. Braun, Jülich: 49.1–2; U. Manten, Aachen: 12.1–9; J.-U. Mertens, Berlin: 44.1–3; Marek Lange, Berlin: 44.4

Bestandteile des Lehrwerks Super M für das 3. Schuljahr

Schülerbuch 3 mit Kartonbeilagen	978-3-06-081339-1
Arbeitsheft 3	978-3-06-081343-8
Arbeitsheft 3 mit CD-ROM	978-3-06-081347-6
Einstiege/Aufstiege 3, Arbeitsblätter zur Differenzierung	978-3-06-081421-3
Einstiege 3, Arbeitsblätter zur Differenzierung im Block	978-3-06-081483-1
Aufstiege 3, Arbeitsblätter zur Differenzierung im Block	978-3-06-081484-8
Handreichungen für den Unterricht mit Lehrermagazin	978-3-06-081351-3
Kopiervorlagen mit CD-ROM	978-3-06-081414-5

Im Paket:

Handreichungen für den Unterricht mit Lehrermagazin und Kopiervorlagen mit CD-ROM	978-3-06-081487-9

www.cornelsen.de

1. Auflage, 1. Druck 2009

Druck: Druckhaus Berlin-Mitte GmbH

Arbeitsheft 3 ISBN 978-3-06-081343-8
Arbeitsheft 3 mit CD-ROM ISBN 978-3-06-081347-6

Inhalt gedruckt auf säurefreiem Papier aus nachhaltiger Forstwirtschaft.

ISBN 978-3-06-080259-3

Liebe Schülerin, lieber Schüler,

so kannst du mit diesen Aufgaben üben:

- Schreibe immer zuerst deinen Namen und das Datum oben auf die Linien.
- Lies jede Aufgabe in Ruhe durch.
- Du kannst dir Notizen auf einem Übungspapier machen.
- Du darfst auch Hilfsmittel benutzen.
- Wenn du mit einer Aufgabe gar nicht zurechtkommst, mache bei der nächsten weiter und versuche es später noch einmal.
- Es können Aufgaben vorkommen, die du noch nicht kennst. Versuche es trotzdem. Wenn du gar nicht weiterkommst, frage jemanden um Hilfe.
- Wenn du mit einem Übungstest fertig bist, dann kannst du dein Ergebnis selbst beurteilen. Es gibt drei „Noten", die du bei den Aufgaben ankreuzen kannst:
  ☺ Ich konnte die Aufgabe gut lösen.
  😐 Ich konnte die Aufgabe nur zum Teil lösen.
  ☹ Ich konnte die Aufgabe gar nicht lösen.

Sprich mit der Lehrerin/dem Lehrer oder mit deinen Eltern darüber, was du kannst und wo du vielleicht noch üben solltest.

Bei vielen Aufgaben sollst du etwas ausrechnen. Dein Ergebnis kannst du dann in die Felder eintragen.

Beispielaufgabe: 1 + 2 = [3]

Bei einigen Aufgaben sollst du die richtige Antwort ankreuzen.

Beispielaufgabe: Kreuze das richtige Ergebnis an.

1 + 2 = [ ]

0	1	2	3	4
☐	☐	☐	☒	☐

Wichtig: Meistens gibt es nur eine richtige Antwort.
Wenn mehrere Antworten richtig sind, dann wirst du darauf hingewiesen.
Kreuze **alle** richtigen Antworten an.

Und jetzt: Viel Spaß!

1. Auflage, 5. Druck

Wie bereite ich meine Schülerinnen und Schüler, wie bereite ich mein Kind auf die unbekannte Situation der neuen Lernstandserhebungen vor?

Liebe Lehrerinnen und Lehrer, liebe Eltern,

auch in den Grundschulen werden zukünftig bundesweit Lernstandserhebungen durchgeführt. Sie sollen die so genannten Standards überprüfen und wertvolle Hinweise für die Verbesserung der Lernleistungen sowie des Unterrichts geben.

Das erklärte Ziel der Lernstandserhebungen ist nicht das Erfassen der Leistungen einzelner Schülerinnen und Schüler, sondern die Qualitätssicherung und -steigerung des Unterrichts. Dennoch herrscht vielerorts eine gewisse Verunsicherung, denn für alle Beteiligten sind diese Lernstandstests völlig neu.

Mit den vorliegenden Lernstandsseiten möchten wir Ihre Kinder und Sie selbst bei der Vorbereitung der zentralen Lernstandserhebungen unterstützen.

Bei den zentralen Lernstandstests erfolgt die Bearbeitung der offiziellen Prüfungsaufgaben in einer vorgegebenen Zeit (z. B. in 90 Minuten). Sich über einen so langen Zeitraum auf Aufgaben zu konzentrieren, ist für viele Schülerinnen und Schüler möglicherweise neu. Das gilt auch für die Erfahrung, unter Zeitdruck zahlreiche, zum Teil noch unbekannte Aufgabenformate ohne Hilfsmittel bearbeiten zu müssen. Die vorliegenden Lernstandsseiten ermöglichen Ihren Schülerinnen und Schülern bzw. Ihrem Kind also eine Erfahrung, die im täglichen Unterricht fehlt: Sie bereiten mit sorgfältig ausgewählten, realitätsechten Aufgaben auf die ungewohnte Testsituation vor. Möglicherweise vorhandene Ängste werden abgebaut, die Kinder gewinnen Sicherheit gegenüber der Testsituation.

Eventuell noch vorhandene Lücken im Kenntnisstand werden sichtbar – und können durch geeignete Fördermaßnahmen geschlossen werden.

Je nach Verwendungssituation der vorliegenden Übungstests können die Kinder ihre Ergebnisse selbst beurteilen. Dazu dienen die so genannten Smileys in der Randspalte, neben den Testaufgaben. Die Erfahrung zeigt, dass Kinder recht schnell lernen, ihre Arbeitsergebnisse realistisch einzuschätzen. Auch dies gehört zu den Kompetenzen, die sie (nicht nur) in der Schule erwerben sollen. Selbstverständlich können Sie die Smileys auch selbst nutzen, um Ihren Schülerinnen und Schülern bzw. Ihrem Kind eine Rückmeldung zu den einzelnen Aufgaben zu geben.

Ihr Cornelsen Verlag

Wie ist mein Ergebnis?

☺ 😐 ☹

1) Stellentafel

H	Z	E
●●●●●●	●●●●	●●

Tom sagt:
„Ich habe noch zwei Plättchen. Die lege ich an der Zehnerstelle oder der Einerstelle hinzu."

Welche Zahlen kann er legen?

☐ ☐ ☐ ☐

☺ 😐 ☹

2) Wie geht es weiter?

a) Zeichne die Treppe mit 6 Stufen und ergänze die Tabelle.

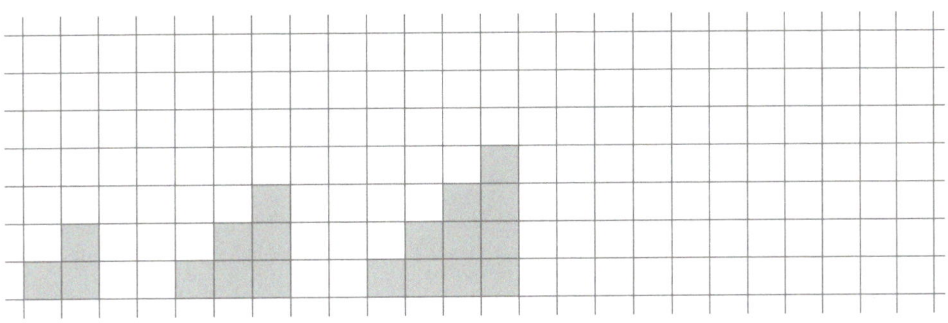

2 Stufen 3 Stufen 4 Stufen

	1. Treppe	2. Treppe	3. Treppe	4. Treppe	5. Treppe
Anzahl der Stufen	2	3			6
Anzahl der Kästchen	3				

b) Für eine Treppe mit 10 Stufen benötigt man ☐ Kästchen.

Wie ist mein Ergebnis?

☺ 😐 ☹

3) Punkte im Gitternetz

Trage folgende Punkte ein und verbinde sie in der angegebenen Reihenfolge:

A 2 ; A 5 ; D 5 ; D 2 ; A 2

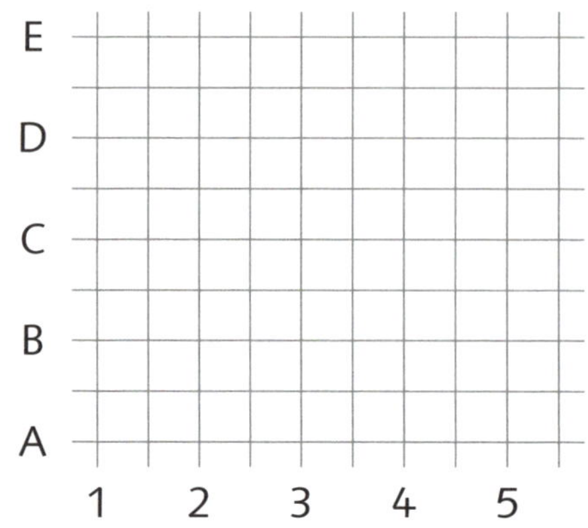

☺ 😐 ☹

4) Busfahrplan

Haltestelle	Abfahrt Montag – Freitag			
Tierpark	7.04	7.34		
Waldsee	7.18			
Bahnhof	7.30			
Hallenbad	7.38		12.38	
Schulzentrum	7.52			

Die Busse benötigen für die Strecken immer die gleiche Fahrzeit.

a) Trage die fehlenden Fahrzeiten in die Tabelle ein.

b) Ergänze die Sätze.

Die Fahrt vom Tierpark bis zum Schulzentrum

dauert ______________.

Die Fahrt vom Tierpark bis zum Waldsee dauert genauso lange

wie die Fahrt vom ______________ zum ______________.

Die kürzeste Strecke liegt vermutlich zwischen ______________

und ______________.

☺ das kann ich gut lösen 😐 das kann ich nur zum Teil lösen ☹ das kann ich noch gar nicht lösen

Wie ist mein Ergebnis?

5) Drei Zahlen – vier Aufgaben

☺ 😐 ☹

Ergänze die erste Aufgabe mit zwei passenden Zahlen. Notiere mit den drei Zahlen eine weitere Malaufgabe und zwei Geteiltaufgaben.

☐ · ☐ = 24		☐ : ☐ = ☐
☐ · ☐ = ☐		☐ : ☐ = ☐

6) Würfelzahlen

☺ 😐 ☹

Du würfelst mit dem Spielwürfel zweimal und nimmst beide Zahlen miteinander mal.

$2 \cdot 6 = 12$

Welche Ergebnisse kannst du nicht bekommen? Streiche sie durch.

1, 2, 3, 4, 11, 18, 22, 30, 36, 40

7) Minusaufgaben

☺ 😐 ☹

Nimm zwei Zahlen und bilde damit Minusaufgaben. Das Ergebnis soll immer größer als 500 sein. Finde alle Möglichkeiten. Du kannst schriftlich rechnen.

84	186	872	609

☺ das kann ich gut lösen 😐 das kann ich nur zum Teil lösen ☹ das kann ich noch gar nicht lösen

Wie ist mein Ergebnis?

☺ 😐 ☹

8) Fliesenmuster

Zeichne das Muster um ein Feld weiter.

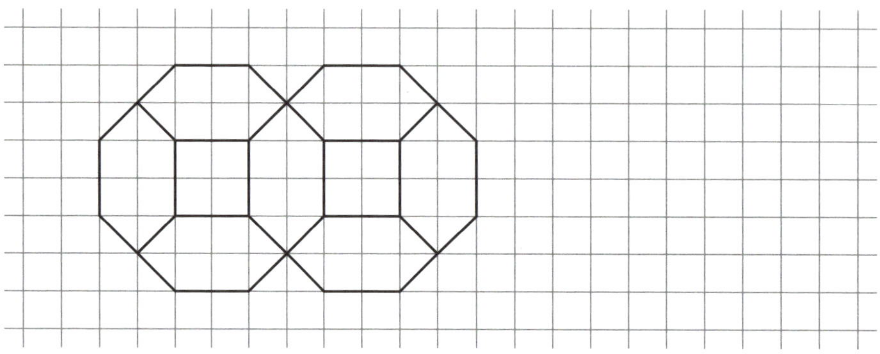

☺ 😐 ☹

9) Auf dem Weg zur Schule

So kommen die Kinder einer zweiten Klasse zur Schule.

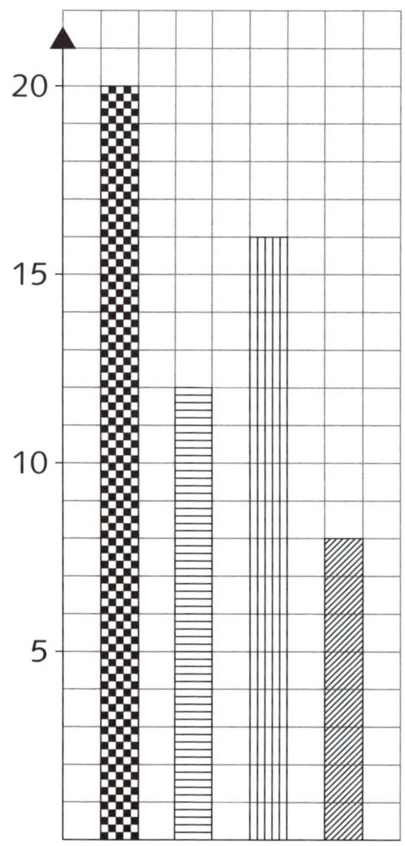

Lies die Zahlen im Säulendiagramm ab und übertrage die Werte in die Tabelle.

Weg zur Schule	Anzahl der Kinder
zu Fuß	
mit dem Bus	
mit dem Auto	
mit dem Fahrrad	

Wie ist mein Ergebnis?

☺ 😐 ☹

10) Aufgabenketten

Startzahl						Zielzahl
30	· 5 →		: 3 →		· 6 →	
	· 5 →		: 3 →		· 6 →	600
	· 5 →		: 3 →		· 6 →	

a) Rechne die erste und zweite Zeile aus.

b) Finde eine passende Startzahl für die 3. Zeile.
Es soll kein Rest entstehen.

c) Vergleiche die Startzahl mit der Zielzahl. Was fällt dir auf?

____

____

☺ 😐 ☹

11) Tabelle

Trage die fehlenden Werte in die Tabellen ein.

a)

Anzahl	1	2	4	5	10
Preis	2,80 €				

b)

Anzahl	1	2	4	5	10
Preis		7,00 €			

☺ das kann ich gut lösen 😐 das kann ich nur zum Teil lösen ☹ das kann ich noch gar nicht lösen

Wie ist mein Ergebnis?

☺ 😐 ☹

12) Einhundert Reißzwecken

Für eine Ausstellung in der Pausenhalle sollen kleine und große Bilder aufgehängt werden. Vier Reißzwecken benötigt man für ein kleines Bild, sechs Reißzwecken für ein großes Bild. In einer Schachtel sind 100 Reißzwecken.

a) Wie viele kleine Bilder kann man damit aufhängen?

____

b) Wie viele große Bilder kann man damit aufhängen?

____

c) Kann man von jeder Sorte Bilder gleich viele aufhängen? Kreuze an.

☐ Nein, es geht nicht.

☐ Ja, es sind dann genau ☐ Bilder von jeder Sorte.

☺ 😐 ☹

13) Würfel

a) Wie viele kleine Würfel sind schon verbaut worden? ☐

b) Der Körper soll zu einem Würfel weitergebaut werden. Wie viele kleine Würfel fehlen noch? ☐

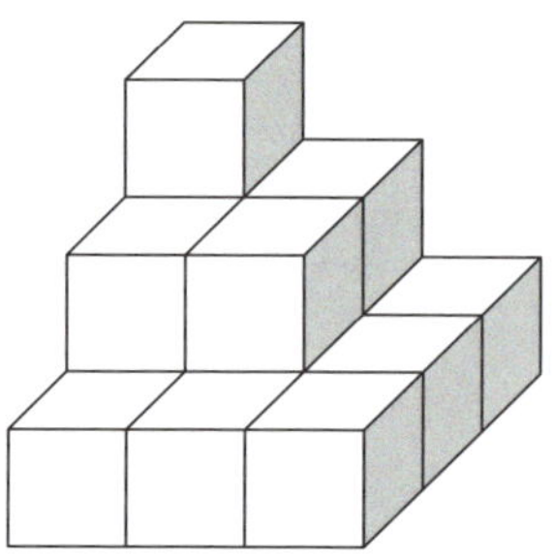

☺ das kann ich gut lösen ☺ das kann ich nur zum Teil lösen ☹ das kann ich noch gar nicht lösen

Wie ist mein Ergebnis?

☺ 😐 ☹

14) Figuren in der Zeichenuhr

a) Verbinde jeden zweiten Punkt miteinander. Benutze ein Lineal.
Welche Aussagen treffen zu?

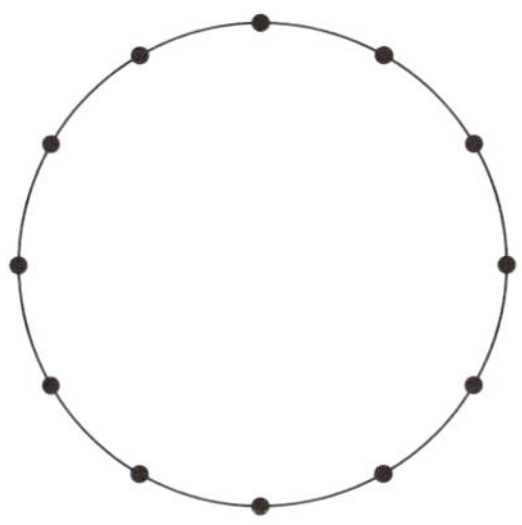

- ☐ Es wird ein Fünfeck.
- ☐ Es wird ein Sechseck.
- ☐ Die Seiten der Figur sind gleich lang.
- ☐ Die Figur hat mehr als fünf Spiegelachsen.

b) Zeichne ein Viereck in die Zeichenuhr. Die Seiten sollen gleich lang werden. Hier sind Zeichenuhren zum Probieren.

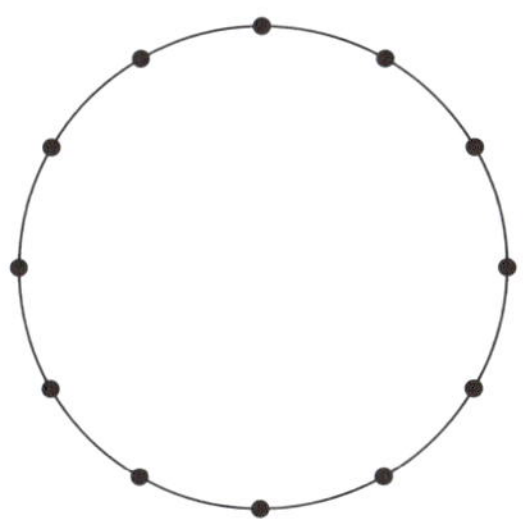
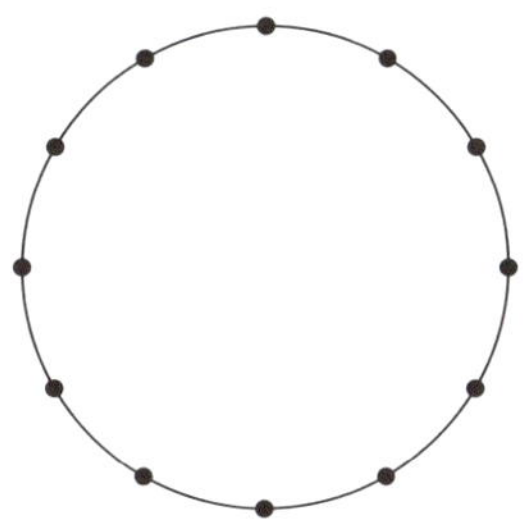
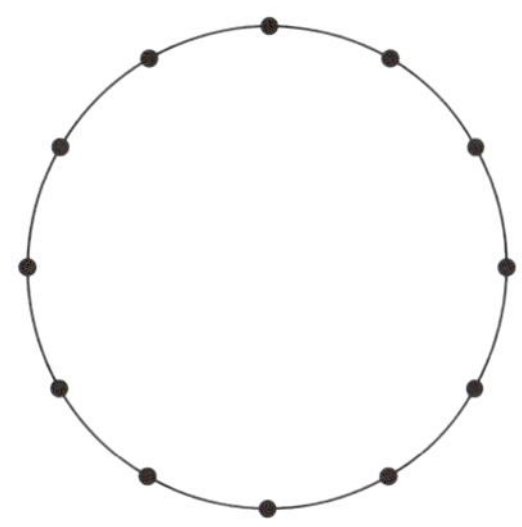

☺ 😐 ☹

15) Bauplan

Welcher Körper gehört zu diesem Bauplan?

3	5	4	1
1	2	3	1

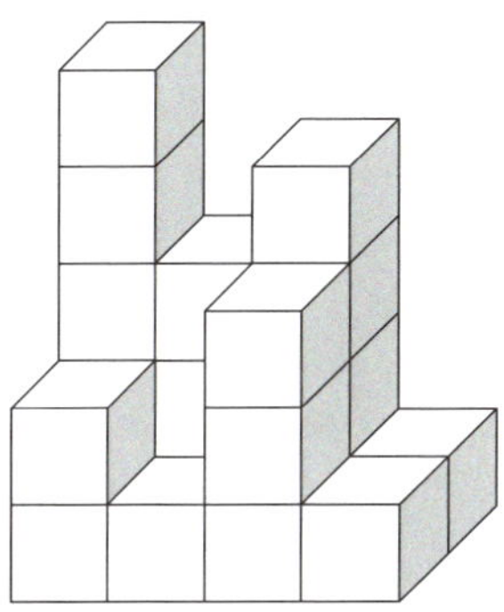
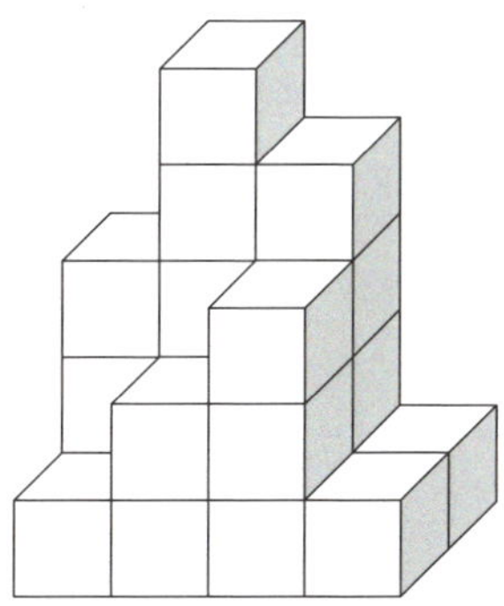
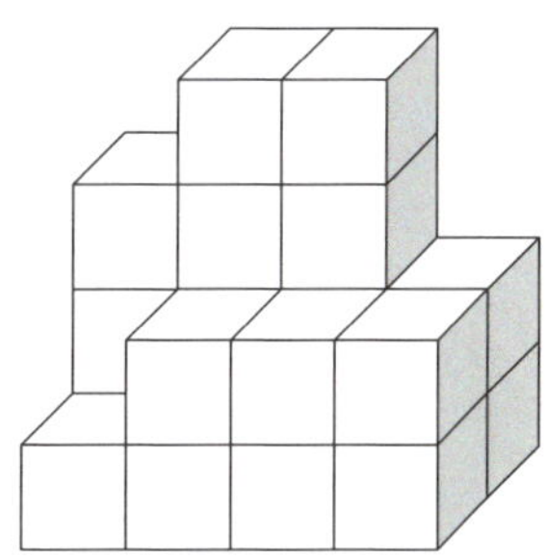

☐ Körper A ☐ Körper B ☐ Körper C

Wie ist mein Ergebnis?

☺ 😐 ☹

16) Kinder am Gruppentisch

So sitzen die Kinder am Gruppentisch.

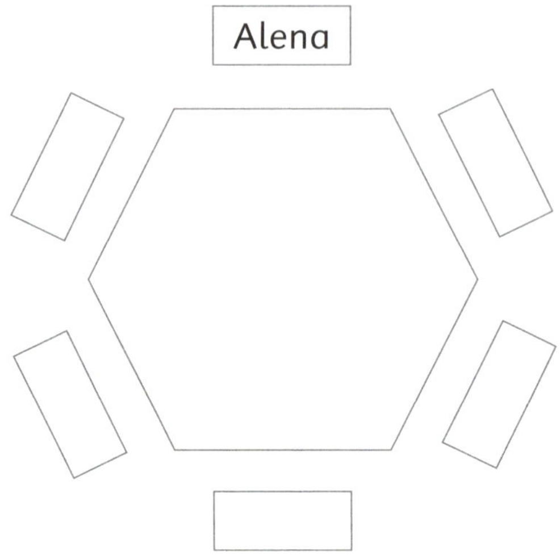

Sven sitzt direkt gegenüber von Alena. Tom sitzt direkt gegenüber von Isabel. Isabel sitzt rechts neben Alena. Marion sitzt zwischen Tom und Alena.

Trage die Namen ein.

Welcher Platz bleibt für Jannik? Kreuze die richtigen Aussagen an.

Jannik sitzt
- ☐ genau gegenüber von Tom.
- ☐ rechts von Sven.
- ☐ zwischen Sven und Isabel.
- ☐ links von Marion.

☺ 😐 ☹

17) Maßeinheiten

Welche Maßeinheit passt? Vervollständige die Sätze.

mm	g	min	km	cm	s	kg	m	h

a) Peters Weg zur Schule ist 3 ____ lang.

b) Das Mathebuch wiegt 650 ____.

c) Anna ist die 800-Meter-Strecke in 4 ____ gelaufen.

d) Beim Weitsprung schaffte Lisa 2,80 ____.

e) Der Bleistift ist noch 5 ____ lang.

☺ das kann ich gut lösen 😐 das kann ich nur zum Teil lösen ☹ das kann ich noch gar nicht lösen

1) Stellentafel

H	Z	E
••••••	••••	••
••••••	••••••	••
••••••	•••••	•••
••••••	••••	••••

Tom sagt:
„Ich habe noch zwei Plättchen. Die lege ich an der Zehnerstelle oder der Einerstelle hinzu."

Welche Zahlen kann er legen?

662 **653** **644**

2) Wie geht es weiter?

a) Zeichne die Treppe mit 6 Stufen und ergänze die Tabelle.

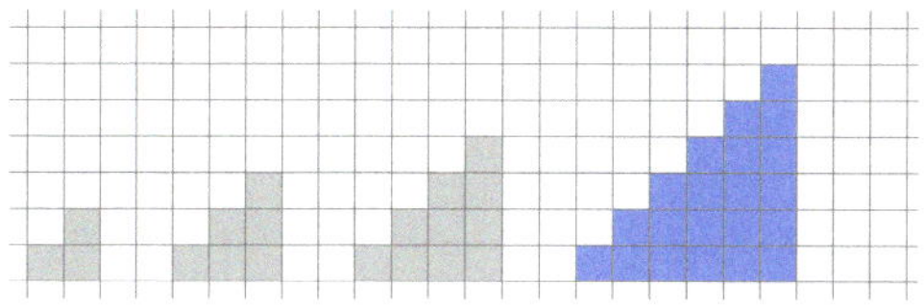

	1. Treppe	2. Treppe	3. Treppe	4. Treppe	5. Treppe
Anzahl der Stufen	2	3	**4**	**5**	6
Anzahl der Kästchen	3	**6**	**10**	**15**	**21**

b) Für eine Treppe mit 10 Stufen benötigt man **55** Kästchen.

3) Punkte im Gitternetz

Trage folgende Punkte ein und verbinde sie in der angegebenen Reihenfolge:

A 2 ; A 5 ; D 5 ; D 2 ; A 2

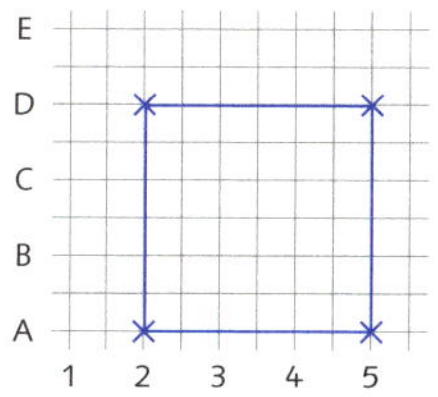

4) Busfahrplan

Haltestelle	Abfahrt Montag – Freitag		
Tierpark	7.04	7.34	**12.04**
Waldsee	7.18	**7.48**	**12.18**
Bahnhof	7.30	**8.00**	**12.30**
Hallenbad	7.38	**8.08**	12.38
Schulzentrum	7.52	**8.22**	**12.52**

Die Busse benötigen für die Strecken immer die gleiche Fahrzeit.

a) Trage die fehlenden Fahrzeiten in die Tabelle ein.

b) Ergänze die Sätze.

Die Fahrt vom Tierpark bis zum Schulzentrum dauert **48 Minuten**.

Die Fahrt vom Tierpark bis zum Waldsee dauert genauso lange wie die Fahrt vom **Hallenbad** zum **Schulzentrum**.

Die kürzeste Strecke liegt vermutlich zwischen **Bahnhof** und **Hallenbad**.

5) Drei Zahlen – vier Aufgaben

Ergänze die erste Aufgabe mit zwei passenden Zahlen. Notiere mit den drei Zahlen eine weitere Malaufgabe und zwei Geteiltaufgaben.

6 · **4** = 24	**24** : **4** = **6**
12 · **2** = **24**	**24** : **2** = **12**
24 · **1** = **24**	**24** : **1** = **24**
4 · **6** = **24**	**24** : **6** = **4**
2 · **12** = **24**	**24** : **12** = **2**
1 · **24** = **24**	**24** : **24** = **1**

6) Würfelzahlen

Du würfelst mit dem Spielwürfel zweimal und nimmst beide Zahlen miteinander mal.

$2 \cdot 6 = 12$

Welche Ergebnisse kannst du nicht bekommen? Streiche sie durch.

1, 2, 3, 4, ~~11~~, 18, ~~22~~, 30, 36, ~~40~~

7) Minusaufgaben

Nimm zwei Zahlen und bilde damit Minusaufgaben. Das Ergebnis soll immer größer als 500 sein. Finde alle Möglichkeiten. Du kannst schriftlich rechnen.

84 186 872 609

872 − 84 = 788
872 − 186 = 686
609 − 84 = 525

8) Fliesenmuster

Zeichne das Muster um ein Feld weiter.

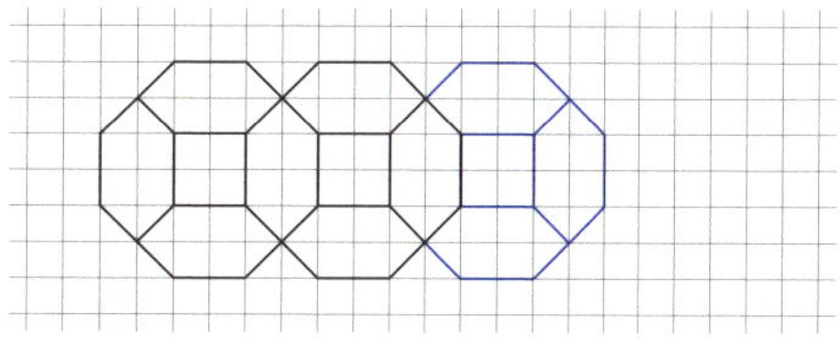

9) Auf dem Weg zur Schule

So kommen die Kinder einer zweiten Klasse zur Schule.

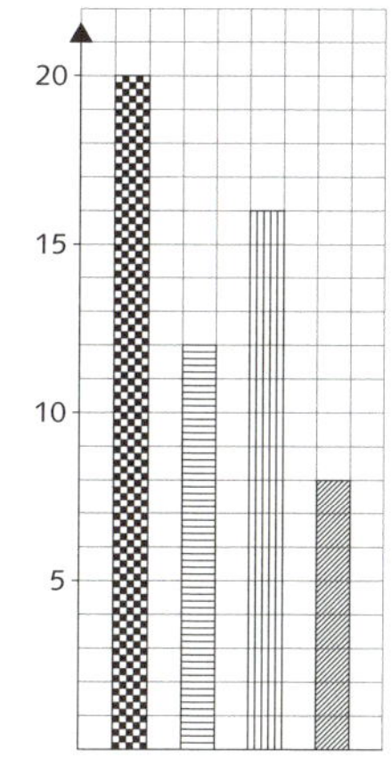

Lies die Zahlen im Säulendiagramm ab und übertrage die Werte in die Tabelle.

Weg zur Schule	Anzahl der Kinder
zu Fuß	**20**
mit dem Bus	**12**
mit dem Auto	**16**
mit dem Fahrrad	**8**

Lösungen Lernstandserhebung Seiten 5 und 6

10) Aufgabenketten

Startzahl						Zielzahl
30	· 5 →	**150**	: 3 →	**50**	· 6 →	**300**
60	· 5 →	**300**	: 3 →	**100**	· 6 →	600
90	· 5 →	**450**	: 3 →	**150**	· 6 →	**900**

und viele weitere Möglichkeiten

a) Rechne die erste und zweite Zeile aus.

b) Finde eine passende Startzahl für die 3. Zeile. Es soll kein Rest entstehen.

c) Vergleiche die Startzahl mit der Zielzahl. Was fällt dir auf?

Die Zielzahl ist das Zehnfache der Startzahl.

11) Tabelle

Trage die fehlenden Werte in die Tabellen ein.

a)

Anzahl	1	2	4	5	10
Preis	2,80 €	**5,60 €**	**11,20 €**	**14,00 €**	**28,00 €**

b)

Anzahl	1	2	4	5	10
Preis	**3,50 €**	7,00 €	**14,00 €**	**17,50 €**	**35,00 €**

12) Einhundert Reißzwecken

Für eine Ausstellung in der Pausenhalle sollen kleine und große Bilder aufgehängt werden. Vier Reißzwecken benötigt man für ein kleines Bild, sechs Reißzwecken für ein großes Bild. In einer Schachtel sind 100 Reißzwecken.

a) Wie viele kleine Bilder kann man damit aufhängen?

25

b) Wie viele große Bilder kann man damit aufhängen?

16

c) Kann man von jeder Sorte Bilder gleich viele aufhängen? Kreuze an.

☐ Nein, es geht nicht.

☒ Ja, es sind dann genau **10** Bilder von jeder Sorte.

13) Würfel

a) Wie viele kleine Würfel sind schon verbaut worden? **14**

b) Der Körper soll zu einem Würfel weitergebaut werden. Wie viele kleine Würfel fehlen noch? **13**

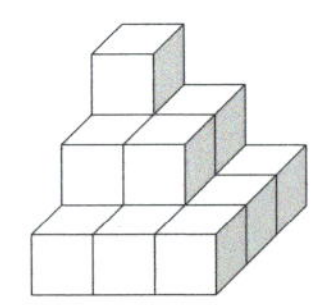

Lernstandserhebung erarbeitet von Klaus Heinze
ISBN 978-3-06-080259-3

Lösungen Lernstandserhebung Seiten 7 und 8

14) Figuren in der Zeichenuhr

a) Verbinde jeden zweiten Punkt miteinander. Benutze ein Lineal. Welche Aussagen treffen zu?

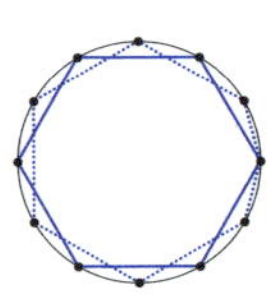

☐ Es wird ein Fünfeck.

☒ Es wird ein Sechseck.

☒ Die Seiten der Figur sind gleich lang.

☒ Die Figur hat mehr als fünf Spiegelachsen.

b) Zeichne ein Viereck in die Zeichenuhr. Die Seiten sollen gleich lang werden. Hier sind Zeichenuhren zum Probieren.

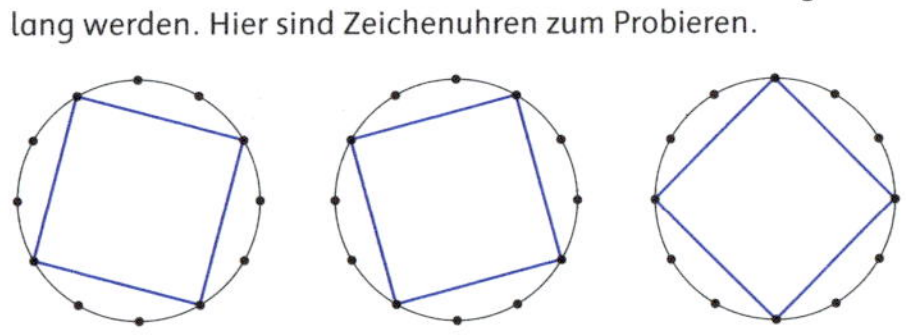

15) Bauplan

Welcher Körper gehört zu diesem Bauplan?

3	5	4	1
1	2	3	1

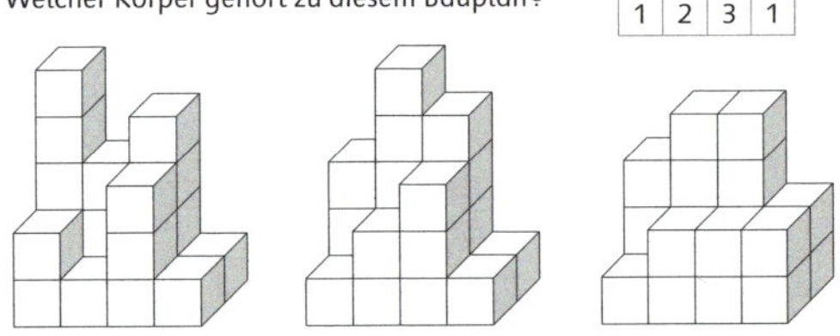

☐ Körper A ☒ Körper B ☐ Körper C

16) Kinder am Gruppentisch

So sitzen die Kinder am Gruppentisch.

Sven sitzt direkt gegenüber von Alena. Tom sitzt direkt gegenüber von Isabel. Isabel sitzt rechts neben Alena. Marion sitzt zwischen Tom und Alena.

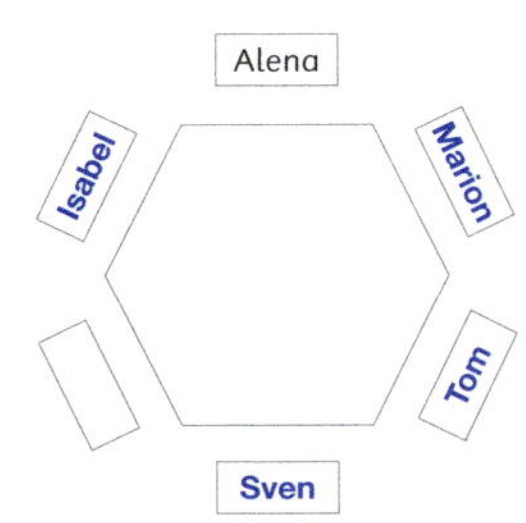

Trage die Namen ein.

Welcher Platz bleibt für Jannik? Kreuze die richtigen Aussagen an.

Jannik sitzt ☐ genau gegenüber von Tom.

☐ rechts von Sven.

☒ zwischen Sven und Isabel.

☐ links von Marion.

17) Maßeinheiten

Welche Maßeinheit passt? Vervollständige die Sätze.

mm	g	min	km	cm	s	kg	m	h

a) Peters Weg zur Schule ist 3 **km** lang.

b) Das Mathebuch wiegt 650 **g**.

c) Anna ist die 800-Meter-Strecke in 4 **min** gelaufen.

d) Beim Weitsprung schaffte Lisa 2,80 **m**.

e) Der Bleistift ist noch 5 **cm** lang.